"十三五" 职业教育国家规划教材

Photoshop 2020 案例教程

崔建成　周　新　主　编

赵元博　贺　婧　杨　茹　孙　羽　副主编

电子工业出版社

Publishing House of Electronics Industry

北京·BEIJING

内 容 简 介

本书从满足经济发展对高素质劳动者和技能型人才的需要出发，在课程结构、教学内容、教学方法等方面进行了新的探索与改革创新，以便学生更好地掌握本课程的内容，有利于学生理论知识的掌握和实际操作技能的提高。

本书以任务案例引领教学内容，除保留旧版本中传统、精彩的案例外，又增加了许多适应市场需求的新案例。通过精彩、丰富的任务案例介绍了利用 Photoshop 2020 软件制作的标志设计、字体设计、图案设计、招贴广告设计、图标设计、装帧设计、数码图像合成设计、网页设计、包装设计内容。本书内容丰富，图文并茂，突出知识的系统性和连贯性，由浅入深，紧密结合实践，操作性强，既可提高学生对相关行业的理论水平，又可提高学生的应用操作技能。

本书可作为中、高等院校平面设计专业、数字媒体艺术专业、动漫设计专业及其相关专业师生教学、自学参考用书。

图书在版编目（CIP）数据

Photoshop 2020 案例教程 / 崔建成，周新主编 . —北京：电子工业出版社，2021.11

ISBN 978-7-121-42426-7

Ⅰ . ① P… Ⅱ . ①崔… ②周… Ⅲ . ①图像处理软件—教材 Ⅳ . ① TP391.413

中国版本图书馆 CIP 数据核字（2021）第 242382 号

责任编辑：关雅莉　　　　　　　特约编辑：田学清
印　　　刷：天津千鹤文化传播有限公司
装　　　订：天津千鹤文化传播有限公司
出版发行：电子工业出版社
　　　　　北京市海淀区万寿路 173 信箱　　　邮编：100036
开　　本：880×1 230　　1/16　　印张：21　　字数：470.4 千字
版　　次：2021 年 11 月第 1 版
印　　次：2024 年 8 月第 5 次印刷
定　　价：65.00 元

凡所购买电子工业出版社图书有缺损问题，请向购买书店调换。若书店售缺，请与本社发行部联系，联系及邮购电话：（010）88254888，88258888。

质量投诉请发邮件至 zlts@phei.com.cn，盗版侵权举报请发邮件至 dbqq@phei.com.cn。

本书咨询联系方式：（010）88254550，zhengxy@phei.com.cn。

前　言

为满足职业院校技能型紧缺人才培养的需要，根据职业教育计算机课程改革的要求，从计算机平面设计技能培训的实际出发，结合当前平面设计和图像处理的最新版软件 Photoshop 2020，我们对《Photoshop CC 案例教程》这本"十三五"职业教育国家规划教材进行了修订。本书的编写从满足经济发展对高素质劳动者和创新型人才的需要出发，在课程结构、教学内容、教学方法等方面进行了新的探索与改革创新，以便学生能更好地掌握本课程的内容，有利于学生理论知识的掌握和实际操作技能的提高。

本书按照"以服务为宗旨，以就业为导向"的职业教育办学指导思想，采用"行动导向，案例操作"的方法，以案例操作引领知识的学习。通过大量精彩实用的案例的具体操作，对相关知识点进行巩固和练习。通过"案例分析"和"实例解析"，引导学生在"学中做""做中学"，把枯燥的基础知识贯穿在每一个案例中，从具体的案例操作实践中对相关知识点进行巩固和练习，从而培养学生的应用能力，并通过"知识卡片""常用小技巧""相关知识链接"等内容的延伸，进一步开拓学生的视野。

本书的典型案例均来自具体工程案例和生活，不仅符合职业学校学生的理解能力和接受程度，还能使学生更早地接触实际工程的工作流程和操作要求，更好地培养学生参与实际工程项目设计的能力。

本书针对当前火爆的平面设计行业，从实用的角度出发，通过丰富、精美的平面设计案例，详细讲解了 Photoshop 2020 在平面设计行业中的应用方法和操作技巧。

本书共 10 章，各章主要内容如下。

第 1 章详细讲解了 Photoshop 2020 中文版的基本操作，包括控制面板的显示与隐藏、新建文件、图像存储等内容。

第 2 章通过金属质感与透明质感的标志设计案例，详细讲解了选框工具组、套索工具组、魔棒工具组、色彩范围命令等内容。

第 3 章通过钻石字体设计案例和肌理字体设计案例，详细讲解了文字工具、图层等内容。

第 4 章通过锦鲤图案设计案例和折扇图案设计案例，详细讲解了画笔工具组、橡皮擦工具组等内容。

第 5 章通过 3A 化妆品招贴广告设计案例，详细讲解了路径工具、栅格化形状、文字与路径的转换、文字适配路径等内容。

第 6 章通过 3 个图标设计案例，详细讲解了内容识别比例、操控变形、变换 / 自由变换、自动对齐图层、自动混合图层等内容。

第 7 章通过画册装帧设计案例，详细讲解了修复工具组、图章工具组、历史记录画笔工具组、修饰工具组等内容。

第 8 章通过 3 个图像合成案例，详细讲解了动作的应用、蒙版的应用、通道的应用、应用图像命令等内容。

第 9 章通过按钮设计案例和 FacPay 支付网站设计案例，详细讲解了图像调节技术应用、图像清晰度调节等内容。

第 10 章通过茶叶包装设计案例及 Goodies 有机芝士脆饼干平面包装设计案例，详细讲解了图层蒙版工具、图层混合模式、图层样式命令、滤镜命令、图像调整命令等内容。

本书针对计算机平面设计相关岗位的案例操作全面、实用性强，既可提高学生的艺术鉴赏能力和创作能力，又可提高学生的应用操作技能。本书由崔建成、周新任主编，赵元博、贺婧、杨茹、孙羽任副主编。由于编者水平有限，加之时间仓促，本书不足之处在所难免，欢迎广大读者批评指正。

编者

2021 年 11 月

目　　录

第1章　Photoshop 2020中文版操作基础

本章讲述了在安装完 Photoshop 2020 之后用户使用它所需掌握的基本操作：打开、命名、存储和关闭文件。同时，本章还对 Photoshop 2020 的界面进行了简单介绍，以便用户能够更多熟悉一些诸如属性栏、浮动面板、工具箱等这样的对象。

1.1　浏览界面

通常在启动 Photoshop 2020 后进入一个默认界面，如图 1-1 所示。在默认工作区中，包含"新建"和"打开"两个按钮，这与以往版本有很大区别。

图 1-1　默认界面

单击"新建"按钮，弹出"新建文档"对话框，如图 1-2 所示。在"新建文档"对话框中可以执行以下操作。

① 使用从 Adobe Stock 中选择的模板创建多种类别的文档：照片、打印、图稿和插图、Web、移动设备及胶片和视频。

② 查找更多模板，并使用这些模板创建文档。

③ 快速打开最近访问的文件、模板和项目（最近使用项）。

④ 存储自定预设，以便重复使用或者后期快速访问。

⑤ 使用空白文档预设，针对多个类别和设备外形规格创建文档。

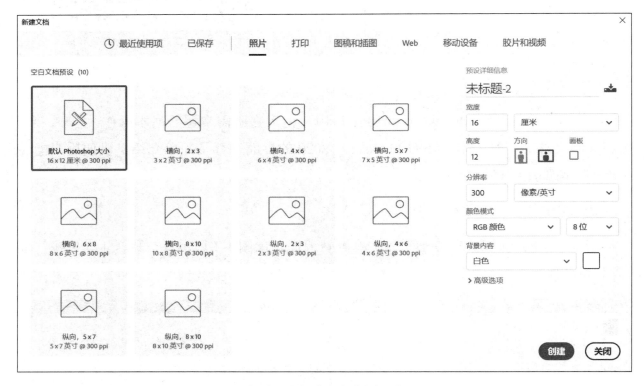

图 1-2 "新建文档"对话框

在右侧的"预设详细信息"面板中可以进行如下设置。

① 名称：首先应该正确设置文件名称，一个优秀的设计师应该养成这样良好的习惯，如此便于对文件进行管理与分配（如果仅仅是练习使用，则可以忽略该项）。

② 页面尺寸：一般情况下为"剪贴板"大小，但通常人们会依据设计需要重新定义"宽度""高度"的尺寸。在确定二者尺寸时，首先要确定"单位"，即单击"宽度"右侧的单位选项，在其下拉菜单中选择相应的单位，包括"像素"、"英寸"、"厘米"和"毫米"等。

③ 方向：指定文档的页面方向，即横向或纵向。

④ 画板：如果希望文档中包含画板，则勾选此选项。Photoshop 会在创建文档时添加一个画板。

⑤ 颜色模式：指定文档的颜色模式。通过更改颜色模式，可以将选定的新文档配置文件的默认内容转换为一种新颜色。颜色模式包括多种形式，在此仅简单介绍常用的几种形式。

- RGB 颜色模式。使用 RGB 模型，并为每像素分配一个强度值。在 8 位 / 通道的图像中，彩色图像中的每个 RGB（红色、绿色、蓝色）分量的强度值为 0（黑色）～ 255（白色）。当所有分量的值相等时，结果是中性灰度级；当所有分量的值均为 255 时，结果是纯白色；当所有分量的值均为 0 时，结果是纯黑色。

RGB 图像使用 3 种颜色或通道在屏幕上重现颜色。在 8 位 / 通道的图像中，这 3 种通道将每像素转换为 24（8×3）位颜色信息。对于 24 位图像，这 3 种通道最多可以重现 1670 万种颜色 / 像素。对于 48 位（16 位 / 通道）图像和 96 位（32 位 / 通道）图像，每像素可重现更多颜色。新建的 Photoshop 图像的默认模式为 RGB 颜色模式，计算机显示器使用 RGB 模型显示颜色。这意味着在使用非 RGB 颜色模式（如 CMYK 颜色模式）时，Photoshop 会将 CMYK 图像插值处理为 RGB，以便在屏幕上显示。

- CMYK 颜色模式。在 CMYK 颜色模式下，可以为每像素的每种印刷油墨指定一个百分比值。为较亮（高光）颜色指定的印刷油墨颜色百分比值较低；而为较暗（阴影）颜色指定的印刷油墨颜色百分比值较高。在 CMYK 图像中，当 4 种分量的值均为 0% 时，就会产生纯白色。

在制作用于印刷色打印的图像时，应使用 CMYK 颜色模式。将 RGB 图像转换为 CMYK 颜色模式即产生分色。如果从 RGB 图像开始，则最好先在 RGB 颜色模式下编辑，然后在处理结束时转换为 CMYK 颜色模式。在 RGB 颜色模式下，可以使用"校样设置"命令模拟 CMYK 转换后的效果，而无须真的更改图像数据。用户也可以使用 CMYK 颜色模式直接处理从高端系统中扫描或导入的 CMYK 图像。

如果稿件要输出正片或用打印机打印，则使用 RGB 颜色模式较好，因为它容易被大众接受；如果稿件要输出胶片，并进行大量印刷，则应该使用 CMYK 颜色模式。

- Gray 模式（灰度模式）。灰度模式在图像中使用不同的灰度级。在 8 位图像中，最多有 256 级灰度。灰度图像中的每像素都有一个 0（黑色）～ 255（白色）的亮度值。在 16 位图像和 32 位图像中，图像中的级数比 8 位图像要大得多。

灰度值也可以用黑色油墨覆盖的百分比来度量（0% 等于白色，100% 等于黑色）。

灰度模式使用"颜色设置"对话框中指定的工作空间设置所定义的范围。

在 PhotoShop 软件中，图像从 RGB 或 CMYK 颜色模式转换成 Gray 模式，会丢失图像的颜色信息，只剩下图像颜色间明暗的变化（系统会给出提示）。如再从 Gray 模式转换成 RGB 或 CMYK 颜色模式，则图像无法恢复成彩色图像。

- Bitmap 模式（位图模式），即黑白色彩模式。位图模式使用两种颜色值（黑色或白色）之一表示图像中的像素。在位图模式下的图像被称为位映射 1 位图像，因为其位深度为 1。
- CIE L*a*b* 颜色模式（Lab）。其基于人对颜色的感觉。Lab 中的数值描述正常视力的人能够看到的所有颜色。因为 Lab 描述的是颜色的显示方式，而不是设备（如显示器、桌面打印机或数码相机）生成颜色所需的特定色料的数量，所以 Lab 被视为与设备无关的颜色模式。颜色色彩管理系统使用 Lab 作为色标，以将颜色从一个色彩空间转换到另一个色彩空间。

Lab 颜色模式的亮度分量 L 的范围是 0 ～ 100。在 Adobe 拾色器和"颜色"调板中，分量 a（绿色 - 红色轴）和分量 b（蓝色 - 黄色轴）的范围是 +127 ～ -128。

Lab 图像可以存储为 Photoshop、Photoshop EPS、大型文档格式（PSB）、Photoshop PDF、Photoshop Raw、TIFF、Photoshop DCS 1.0 或 Photoshop DCS 2.0 格式。48 位（16 位 / 通道）Lab 图像可以存储为 Photoshop、大型文档格式（PSB）、Photoshop PDF、Photoshop Raw 或 TIFF 格式。

⑥ 分辨率：分辨率是度量位图图像内数据量多少的一个参数，通常表示成每英寸像素（Pixel Per Inch，PPI）和每英寸点（Dot Per Inch，DPI）。图像包含的数据越多，图形文件就越大，也能表现更丰富的细节。但更大的文件需要耗用更多的计算机资源，占用更多的内存及硬盘空间等。假如图像包含的数据不够充分（图像分辨率较低），那么图像就会显得相当粗糙，当把图像放大观看时，可以看到图像的轮廓出现锯齿状。所以在创建新文件时，应根据图像最终的用途使用对应的分辨率，既要保证图像包含足够多的数据，又要满足最终输出的需要，尽量少占用计算机资源。因此，建议初学者将分辨率设置为 72 像素 / 英寸即可。

⑦ 背景内容：指定文档的背景颜色。

预设完成后，单击"新建文档"对话框右上角的 按钮，弹出如图 1-3 所示的"保存文档预设"对话框，即可将设置保存为"预设"文档。当然，如果不需要保存该文档参数，则只需单击"创建"按钮即可完成新建文档。

图 1-3 "保存文档预设"对话框

1.2 认识界面

新建或打开一个"最近使用项"，如图 1-4 所示，可以看到启动后的界面与以往版本基本相同，只是增加了"属性"浮动面板，下面将一一介绍。

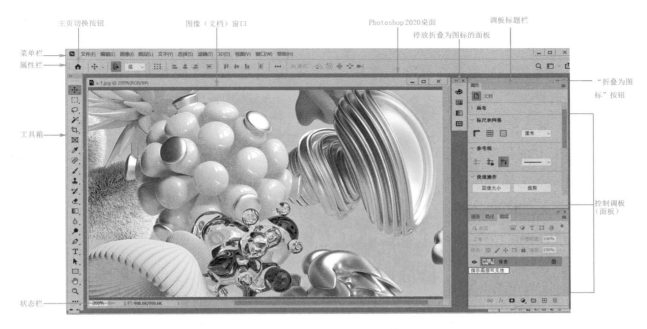

图 1-4 Photoshop 2020 工作区

1．图像（文档）窗口

图像（文档）窗口是表现和创作 Photoshop 作品的主要区域，图形的绘制和图像的处理都在该区域内进行，对图像（文档）窗口可进行放大、缩小和移动等操作。

2．Photoshop 2020 桌面

Photoshop 2020 默认桌面是一种典型的工作区，其中显示了工具箱、控制调板和图像（文档）窗口，还可以用鼠标左键双击该桌面打开图像文件。

3．停放折叠为图标的面板

单击其中任何一个折叠图标都可以展开该面板。

4．调板标题栏

调板标题栏主要用于显示不同的浮动面板，以便于查找。

5．"折叠为图标"按钮

单击"折叠为图标"按钮可以迅速展开与关闭浮动面板，方便快捷。

6．控制调板（面板）

在 Photoshop 2020 中提供了多种控制面板，例如图层面板、通道面板、色板面板、样式面板、路径面板、动作面板等一些常用的与非常用的面板，都可以通过选择"窗口"菜单中的任何选项面板来添加该面板，如图 1-5 所示。其中左侧带有"√"符号的命令表示该控制面

板已经在工作区中，如工具面板、字符面板、选项面板、颜色面板等。选取带有"√"符号的命令可以隐藏相应的控制面板。左侧不带有"√"符号的命令表示该控制面板未在工作区中，如路径面板、色板、通道等。选取不带有"√"符号的命令可以使其显示在工作区中，同时该命令左侧将显示"√"符号。

当控制面板显示在工作区中之后，每一组控制面板中都有两个以上的选项卡。例如，颜色面板中包括"颜色"、"色板"和"样式"3 个选项卡，分别单击则可以显示各自的控制面板，这样可以快速地选择和应用需要的控制面板。反复按 Shift+Tab 组合键，可以使工作界面中的控制面板在显示和隐藏之间进行切换。

桌面右侧的小窗口称为浮动面板或控制面板，主要用于配合图像编辑和 Photoshop 的功能设置。

在许多时候可以将控制面板转换为"折叠为图标"按钮，以便于使用与展开。

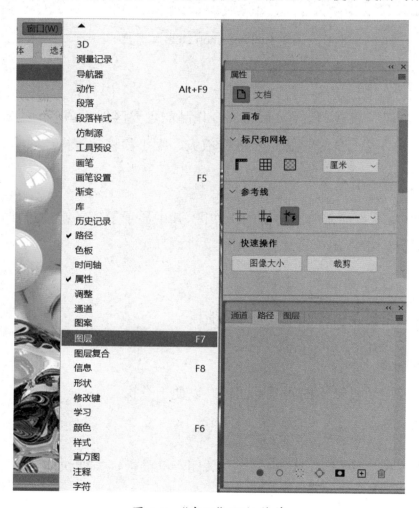

图 1-5 "窗口"下拉菜单

7．菜单栏

使用菜单栏中的菜单可以执行 Photoshop 2020 的许多命令，在菜单栏中共有 11 个菜单，在任意菜单中选择某一个命令即可执行相应的操作；菜单栏右上角的 3 个按钮从左到右依次为最小化按钮、最大化按钮、关闭按钮，分别用于缩小、放大、关闭应用程序窗口。

8．属性栏

属性栏是 Photoshop 2020 中重要的参数设置项目。工具箱中的每一个工具都一一对应着不同的属性栏，合理设置其中的参数是熟练掌握 Photoshop 2020 的必要条件。

9．主页切换按钮

此为 Photoshop 2020 新增功能之一。单击主页切换按钮可以迅速切换至"新建""打开"界面，以便于随时创建文件，单击 Esc 键退出主页界面。

10．工具箱

工具箱显示在屏幕左侧。工具图标右下角的小三角形表示存在隐藏工具，单击鼠标左键可以展开该工具以查看其隐藏工具；可以通过将鼠标指针放在任何工具上，查看有关该工具的信息。工具的名称将出现在指针下面的工具提示中。某些工具提示包含指向有关该工具的附加信息的链接。

1.3　图像存储

一幅优秀的作品在创作完成后或在创作过程中，需要对其进行保存，以便于以后的工作。但是如何正确地存储文件，是每个设计者必须正确对待的问题；否则，将会影响自己设计作品的质量，甚至给企业带来损失。

平面设计软件种类繁多，不同的软件既有通用的文件格式，也有自己的文件格式，但归纳起来主要有 3 类：位图图像格式、矢量图形文件格式、排版软件格式。下面对平面设计中常用的文件格式进行详细介绍。

1．位图图像格式

执行"文件"→"存储为"菜单命令，弹出"另存为"对话框，如图 1-6 所示，其中新增的"存储到云文档"只是存储位置发生变化而已。在"保存类型"下拉列表中包含许多文件格式，下面对常用的几种格式进行一一介绍。

1）TIFF 格式

TIFF 格式是桌面出版系统中最常用、最重要的文件格式，同时也是通用性最强的位图图像格式，Mac 和 PC 系统的设计类软件都支持 TIFF 格式。在印刷品设计制作要求中，如果图像文件没有特殊要求，则绝大多数均存储为 TIFF 格式。

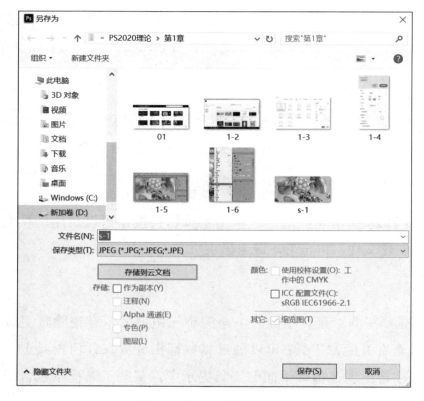

图 1-6 "另存为"对话框

在 Photoshop 2020 中将图像存储为 TIFF 格式时，系统会提示是否对存储的图像进行压缩。如果图像用于印刷，则选择不压缩（NONE）或使用 LZW 格式进行压缩。使用 LZW 格式进行压缩能有效地降低图像的文件大小，最重要的是图像信息没有损失，而且可以直接输入其他软件中进行排版。当选择 TIFF 格式时，其选项如图 1-7 所示。

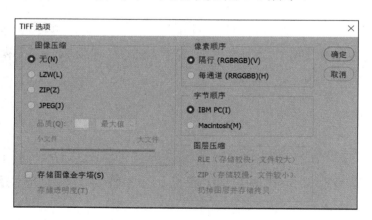

图 1-7　TIFF 选项

TIFF 格式是跨平台的通用图像格式，不同平台的软件均可对来自另一平台的 TIFF 格式的文件进行编辑操作，如 PC 平台的 Photoshop 软件就可以直接打开 Mac 平台的 TIFF 格式的文件进行编辑处理。

2）JPEG 格式

JPEG 是一种图像压缩文件格式，也是目前应用最广泛的图像格式之一。JPEG 格式在存储过程中有多种压缩比供选择。当选择 JPEG 格式时，其选项如图 1-8 所示。

JPEG 格式是一种有损压缩格式，当压缩比太大时，文件质量损失较大，如细节处理模糊、颜色发生变化等。JPEG 格式的文件一般不用来进行印刷，很多排版软件也不支持 JPEG 格式的文件的分色，但其在网页制作方面被广泛应用。

3）PSD/PDD/PSDT 格式

PSD/PDD/PSDT 格式是 Photoshop 软件独有的文件格式，只有 Photoshop 软件才能打开使用（也可以跨平台使用）。其特点是可以包含图像的图层、通道、路径等信息，支持各种色彩模式和位深。其缺点是文件较大，不支持压缩。当选择 PSD/PDD/PSDT 格式时，其选项如图 1-9 所示。

图 1-8　JPEG 选项

图 1-9　PSD/PDD/PSDT 选项

4）EPS 格式

EPS 格式也是桌面出版系统中常用的文件格式之一，它比 TIFF 格式应用更广泛。TIFF 格式是单纯的图像格式，而 EPS 格式也可用于文字和矢量图形的编码。最重要的是，EPS 格式可包含挂网信息和色调传递曲线的调整信息。但在实际的操作过程中，一般不采用在图像软件中进行加网操作，所以此处不进行更多介绍。FreeHand、Illustrator 等图形软件可直接输出 EPS 格式的文件置入其他软件中进行排版，如置入 InDesign 软件中。Photoshop 可直接打开由图形软件输出的 EPS 格式的文件，在打开时可根据设计需要重新设定图像的尺寸和分辨率。

此功能特别有效，尤其是有些只能在图形软件中完成的效果，便可通过此方式调入 Photoshop 软件中进行编辑。此外，EPS 格式的一个重要功能是包含路径信息，该功能可为图像去底，这是设计师经常会用到的功能，应熟练掌握。

5）GIF 格式

GIF 格式是主要用于互联网上的一种图像文件格式。它采用无损压缩存储，在不影响图像质量的情况下，可以生成很小的文件；在网页设计中具有文件量小、显示速度快等特点。GIF 格式只支持 256 色以内的图像，不用于印刷品的制作中。

6）BMP 格式

BMP 格式是电脑 Windows 系统的标准文件格式。一般只用于屏幕显示，不用于印刷设计。

7）PICT 格式

PICT 格式支持具有单个 Alpha 通道的 RGB 图像和不带 Alpha 通道的索引颜色、灰度和位图模式的图像。PICT 格式在压缩包含大面积纯色区域的图像时特别有效。

8）PDF 格式

PDF 格式是在 PostScript 的基础上发展而来的一种文件格式，其最大的优点是能独立于各软件、硬件及操作系统之上，便于用户交换文件与浏览。PDF 格式的文件可包含矢量图形、点阵图像和文本，并且可以进行链接和超文本链接。PDF 格式的文件可通过 Acrobat Reader 软件进行阅读。PDF 格式在桌面出版系统中是跨平台交换文件的最好格式，可有效地解决跨平台交换文件出现的字体不对应问题。目前桌面出版方面的应用软件均可存储或输出 PDF 格式的文件。PDF 格式是未来印刷品设计制作过程中应用最普遍的文件格式。

2．矢量图形文件格式

矢量图形文件格式目前主要有 Illustrator 软件存储的 *.ai 文件格式和 CorelDRAW 软件存储的 *.cdr 文件格式等。Illustrator、CorelDRAW 两个软件是目前平面设计领域的主流矢量设计软件，90% 以上的平面设计师采用上述软件从事设计工作。这两种矢量图形文件格式具有相同的特点，只不过因软件不同，文件格式名称不同而已。

3．排版软件格式

目前在平面设计领域应用的排版软件主要有 InDesign、Illustrator。文件格式主要有其软件自身的存储格式。

第2章　标志设计——选择区域的应用

　　标志是具有识别和传达信息作用的象征性视觉符号。它以深刻的理念、优美的形象和完整的构图使人们留下深刻的印象和记忆，以达到传递某种信息、识别某种形象的目的。在当今的社会活动中，拥有一个明确而独特、简洁而优美的标志作为识别形象是极为重要的。它不仅能提高人们的注意力，加深人们的记忆，而且能获得巨大的社会效益与经济效益。强有力的商标标志能帮助产品建立信誉，增强知名度。图2-1所示为大家熟知的商品标志。

图 2-1　商品标志

　　标志的标准符号性质决定了标志的主要特点是具有象征性、代表性，其目的主要是传达信息。理想的传达效果是信息传达者使其图形化的传达内容与信息接收者所理解和解释的意义相一致。所以，在设计标志时应突出标志的以下特点：

- 商品个性化特征。
- 保证质量信誉。
- 认牌购货的作用。
- 广告宣传。
- 美化产品。
- 国际交流。

- 安全引导。
- 具有的文化特点。

2.1 标志设计案例分析

1. 创意过程

标志的功能归纳起来有以下几点。

- 识别功能：通过本身所具有的视觉符号形象产生识别作用，方便人们的认识和选择。靠这种功能增强各种社会活动与经济活动的识别能力，以树立有别于其他的形象。
- 象征功能：标志本身所具有的象征性图形代表了某一社会集团的形象，体现出权威性、信誉感。在某种意义上讲，作为象征性图形，标志是与某一社会集团的命运息息相关的。
- 审美功能：标志由构思巧妙、图形完美的视觉图形符号所构成，体现出审美的要素，满足视觉上的美感享受。标志的第一要素即美，离开了美的图形，也就失去了标志存在的意义。
- 凝聚功能：标志总是象征着某一社会集团，代表着某一社会集团的利益和形象。它在一定程度上强化着这一社会集团的凝聚力，使群体充满自信感和自豪感，并为之尽职尽责、尽心尽力。

金属质感的表现一直是 Photoshop 最擅长的技能之一，运用 Photoshop 的指令配合，可以制作出各种各样丰富多彩的不同金属质感的形态。如图 2-2 所示，该标志运用了铜的金属质感，使用这一带有怀旧色彩的材质表现具有古典风格的标志是再合适不过的。图 2-3 所示的标志则具有晶莹、剔透的质感，使人产生想触摸的欲望；形态单纯、时代感强，又具有很强的亲和力。

图 2-2　金属质感的标志

图 2-3　透明质感的标志

2. 所用知识点

上面的标志主要用到了 Photoshop 2020 软件中的椭圆选框工具、渐变工具、图层样式命令、橡皮擦工具、滤镜命令、变形命令、图像调整命令。

3．制作分析

标志的制作分为4个环节：

- 调研分析。
- 要素挖掘。
- 制作、调整。
- 定稿。

2.2　知识卡片

在 Photoshop 中处理图像或制作效果时，都要在一定的目标区域内完成，这个目标区域就是选区所控制的范围。当创建选区后，可以将对象的处理范围限制在指定的区域内，选区外的图像将不受任何影响，如此可以有效地帮助人们处理图像的局部。取消选区，则操作就会对整个图像起作用。

在 Photoshop 中创建选区的工具组主要有选框工具组、套索工具组和魔棒工具组，根据选择对象不同，分别采用不同的工具。

2.2.1　选框工具组

1．选框工具组介绍

选框工具组是一组最基本的创建选区工具，包括矩形选框工具、椭圆选框工具、单行选框工具和单列选框工具。默认处于选区状态的是矩形选框工具，按住鼠标左键不放或单击鼠标右键，可以展开隐藏的工具组，如图2-4所示。

1）矩形选框工具

矩形选框工具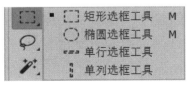是基本的创建选区工具，其主要用来创建各种矩形或正方形选区。激活矩形选框工具，在画面中单击并拖动鼠标即可创建矩形选区。

图 2-4　选框工具组

2）椭圆选框工具

椭圆选框工具 主要用于在画面中绘制各种圆形或椭圆形选区。激活椭圆选框工具，在画面中单击并拖动鼠标即可创建椭圆选区。

3）单行选框工具

单行选框工具 只能创建1像素的行选区，在文件中单击鼠标即可创建高度为1像素的选区。

4）单列选框工具

单列选框工具 和单行选框工具的用法一样。单列选框工具和单行选框工具通常用来制作网格，按住 Shift 键即可创建多个选区。

> **提示：** 在激活矩形选框工具或椭圆选框工具绘制选区时，如果按住 Shift 键拖曳鼠标光标，则可以绘制以按下鼠标左键位置为起点的正方形或圆形选区；如果按住 Alt 键拖曳鼠标光标，则可以绘制以按下鼠标左键位置为中心的矩形或椭圆选区；如果按住 Shift+Alt 组合键拖曳鼠标光标，则可以绘制以按下鼠标左键位置为中心的正方形或圆形选区。

2．选框工具属性栏

选框工具组中的各工具的属性栏功能完全相同，激活矩形选框工具，选框工具属性栏如图 2-5 所示。

图 2-5　选框工具属性栏

（1）属性栏中包括 4 种按钮，分别为新选区按钮、添加到选区按钮、从选区减去按钮、与选区交叉按钮，主要在绘制多个选区时使用它们，用户可以根据要求选择使用；同样，也可以使用快捷键，按住 Shift 键表示添加到选区中，按住 Alt 键表示从选区中减去。

（2）羽化：用来设置选区的羽化程度，羽化值越高，羽化的范围越广。需要注意的是，此值必须小于选区的最小半径，否则将会弹出警告对话框，提示用户需要将选区创建得大一点，或将羽化值设置得小一点。通常情况下将羽化值设置为 0 像素，否则容易形成模糊的边缘效果。

（3）样式：用来设置选区的创建方法，包含"正常"、"固定比例"和"固定大小"3 种样式。选择"正常"样式，可以通过拖动鼠标来创建任意大小的选区。选择"固定比例"样式，可以在右侧的"高度"和"宽度"文本框中输入数值，即可创建固定比例的选区。例如，要创建一个宽度是高度两倍的选区，则可以输入宽度为 2 像素、高度为 1 像素。选择"固定大小"样式，可在"高度"和"宽度"文本框中输入相应的数值，然后在要绘制选区的地方单击鼠标即可。

（4）高度和宽度互换按钮：单击该按钮，即可切换"高度"和"宽度"的数值。

（5）选择并遮住…按钮：单击该按钮可以打开"属性"面板，可以对边缘选区进行平滑、羽化等处理，如图 2-6 所示。

① 平滑：减少选区边界中的不规则区域（"山峰"和"低谷"），创建更加平滑的轮廓。输入一个值或将滑块在 0 ～ 100 之间移动。

② 羽化：在选区及其周围像素之间创建柔化边缘过渡。输入一个值或移动滑块以定义羽化边缘的宽度（0 ～ 250 像素）。

图 2-6　"属性"面板

③ 移动边缘：用于收缩或扩展选区边界。输入一个值或移动滑块以设置一个 0 ～ 100% 之间的数值以进行扩展，或设置一个 0 ～ -100% 之间的数值以进行收缩。这对柔化边缘选区进行微调很有用。收缩选区有助于从选区边缘移去不需要的背景色。

✒ 范例操作——矩形选框工具的应用

（1）执行"文件"→"打开"菜单命令，打开如图 2-7 所示的素材。为了更好地突出花卉的效果，执行"文件"→"图像"→"曲线"菜单命令，在弹出的对话框中调整参数，如图 2-8 所示，单击"确定"按钮，效果如图 2-9 所示。

（2）激活矩形选框工具，绘制如图 2-10 所示的选区。执行"选择"→"反向"菜单命令，此时选区效果如图 2-11 所示。

（3）执行"文件"→"图像"→"色相/饱和度"菜单命令，在弹出的对话框中调整相应的参数，如图 2-12 所示，单击"确定"按钮，效果如图 2-13 所示。

图 2-7　打开素材

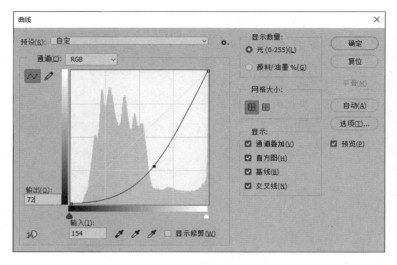

图 2-8 "曲线"对话框

图 2-9 调整曲线参数后的效果

图 2-10 绘制选区

图 2-11 反向选区

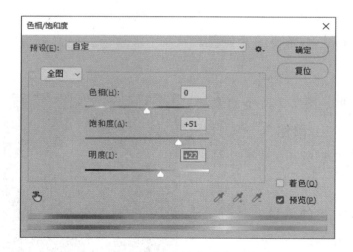

图 2-12 "色相/饱和度"对话框

图 2-13 调整色相/饱和度参数后的效果

（4）执行"选择"→"反向"菜单命令，将选区返回原来的状态，效果如图 2-14 所示。

（5）执行"编辑"→"描边"菜单命令，在弹出的对话框中调整参数，如图 2-15 所示，单击"确定"按钮，效果如图 2-16 所示。

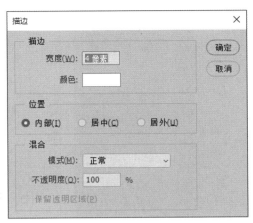

图 2-14 执行反选　　　图 2-15 "描边"对话框　　　图 2-16 描边后的效果

范例操作——椭圆选框工具的应用

（1）执行"文件"→"打开"菜单命令，打开如图 2-17 所示的素材。新建"图层 1"图层，激活椭圆选框工具，绘制如图 2-18 所示的椭圆选区。

图 2-17 打开素材　　　　　　　　　图 2-18 绘制椭圆选区

（2）激活矩形选框工具，单击属性栏中的"添加到选区"按钮，沿椭圆选区的水平中线向下绘制矩形选区，效果如图 2-19 所示。

（3）执行"编辑"→"填充"菜单命令，在弹出的对话框中设置参数，如图 2-20 所示，单击"确定"按钮，弹出如图 2-21 所示的"随机填充"对话框，单击"确定"按钮，效果如图 2-22 所示。

图 2-19 添加选区　　　　　　　　　图 2-20 "填充"对话框

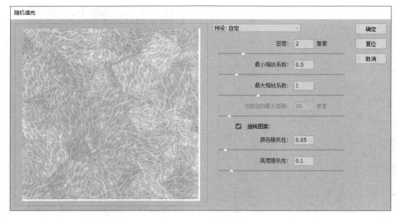

图 2-21 "随机填充"对话框

图 2-22 填充后的效果 1

（4）使用 Ctrl+D 组合键取消选区。新建"图层 2"图层，激活椭圆选框工具，绘制如图 2-23 所示的椭圆选区。执行"编辑"→"填充"菜单命令，在弹出的对话框中设置相应的参数，如图 2-24 所示，单击"确定"按钮，弹出如图 2-25 所示的"对称填充"对话框，单击"确定"按钮，效果如图 2-26 所示。

图 2-23 新建图层并绘制选区

图 2-24 设置填充参数

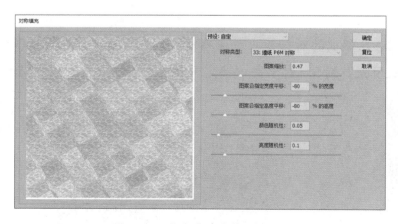

图 2-25 "对称填充"对话框

图 2-26 填充后的效果 2

（5）保持选区的存在。执行"编辑"→"描边"菜单命令，在弹出的对话框中设置参数，如图 2-27 所示，单击"确定"按钮，效果如图 2-28 所示。

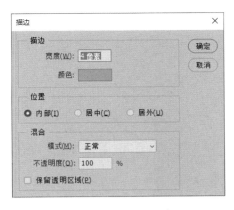

图 2-27　设置描边参数

图 2-28　描边后的效果 1

（6）执行"选择"→"修改"→"收缩"菜单命令，在弹出的对话框中设置收缩量为 8 像素，单击"确定"按钮，效果如图 2-29 所示。

（7）执行"编辑"→"描边"菜单命令，设置描边宽度为 2 像素，单击"确定"按钮，效果如图 2-30 所示。

图 2-29　收缩选区

图 2-30　描边后的效果 2

（8）将"图层 1"图层与"图层 2"图层调换上下位置，效果如图 2-31 所示。

（9）复制"图层 2"图层为"图层 2 拷贝"图层。执行"编辑"→"自由变换"菜单命令，调整其大小与位置，效果如图 2-32 所示。

图 2-31　调换图层位置后的效果

图 2-32　调整帽子的大小与位置

（10）将 3 个图层合并后，调整帽子的大小与角度，如图 2-33 所示，一项休闲遮阳帽制作完成。

图 2-33　制作完成后的效果

2.2.2　套索工具组

以上主要讲解的是规则几何图形的选区的创建方法，但是在日常生活中不规则的图形还是非常多的。套索工具组是一组使用灵活、形状自由的绘制选区工具，包括套索工具🔵、多边形套索工具🔽和磁性套索工具🔽，如图 2-34 所示。

图 2-34　套索工具组

在使用套索工具和多边形套索工具时，在其属性栏中可设置"消除锯齿"和"羽化"两个参数，如图 2-35 所示。锯齿主要在绘制斜线或圆弧时产生。如果勾选"消除锯齿"选项，则 Photoshop 会自动在锯齿间加入选区边缘与背景之间的中间色调，使其看起来更加圆滑。"消除锯齿"和"羽化"两个参数必须在创建选择区域之前设定。

图 2-35　套索工具属性栏

1．套索工具

单击（自由）套索工具🔵，在图像中拖动鼠标光标，可绘制出不规则选区。若按住 Alt 键使用自由套索工具，则效果与多边形套索工具相同。一般情况下，在对图像的边缘要求并不苛刻时使用该命令。

提示：如果在拖动鼠标时放开鼠标，则起点与终点之间将会自动用直线连接。

在绘制过程中按住 Alt 键，放开鼠标左键即可切换为多边形套索工具，此时在画面中即可绘制直线；放开 Alt 键即可恢复为套索工具并继续绘制选区。

2．多边形套索工具

使用多边形套索工具 可在图像中选择点，点与点之间自动连成直线，在终止点双击鼠标，则起点与终点便自动闭合，形成选择区域。一般情况下，该命令用来选择多边形区域或轮廓比较清晰的区域。

3．磁性套索工具

磁性套索工具 可自动根据选择点的色调及对比度定位下一个节点，从而精确地定位选择区域，使选择轮廓变得十分方便。如果找出的节点有误，则按 Delete 键即可消除该节点。同样可以根据图像的边缘清晰度和选取要求的精细程度来设置磁性套索工具属性栏中的各项参数，如图 2-36 所示。此工具一般用于被选择的对象的轮廓线比较清晰的情况。

图 2-36　磁性套索工具属性栏

在其属性栏中，可设置以下参数。

宽度：用于设置选取时能够检测到的边缘宽度。磁性套索工具只检测从指针开始指定距离以内的边缘。要更改套索指针以使其指明套索宽度，请按 CapsLock 键，可以在已选定工具但未使用时更改指针。

对比度：要指定套索对图像边缘的灵敏度，应在"对比度"文本框中输入一个 1%～100% 之间的数值。设置较高的数值将只检测与其周边对比鲜明的边缘，设置较低的数值将检测低对比度边缘。

频率：若要指定套索以什么频度设置紧固点，则应在"频率"文本框中输入 0～100 之间的数值。设置较高的数值会更快地固定选区边框。在边缘精确定义的图像上，可以尝试使用更大的宽度和更高的边对比度，然后大致地跟踪边缘。在边缘较柔和的图像上，可以尝试使用较小的宽度和较低的边对比度，然后更精确地跟踪边缘。

光笔压力按钮 ：如果正在使用光笔绘图板，请选中或取消选中"光笔压力"按钮。当选中该按钮时，增大光笔压力将导致边缘宽度减小。在创建选区时，按右方括号（]）键可将磁性套索边缘宽度增大 1 像素；按左方括号（[）键可将磁性套索边缘宽度减小 1 像素。在使用磁性套索工具时，在图像轮廓边缘单击，设置绘制起点，然后沿图像边缘拖曳鼠标光标，选区会自动吸附在图像中对比最强烈的边缘。如果选区没有吸附在需要的图像边缘，则可以通过单击添加一个紧固点来确定要吸附的位置，再拖曳鼠标光标，直到鼠标光标与最初设置的起点重合，单击即可创建选区。

2.2.3 魔棒工具组

Photoshop 2020 的魔棒工具组提供了 3 种工具，分别是对象选择工具 、快速选择工具 和魔棒工具 ，利用这 3 种工具可以快速选择色彩变化不大，且色调相近的区域。

1．对象选择工具

使用对象选择工具 可以简化在图像中选择单个对象、多个对象或对象的某些部分（人物、汽车、家具、宠物、衣服等）的过程。

只需在对象周围绘制矩形区域或套索，对象选择工具就会自动选择已定义区域内的对象，从而加速完成最为复杂的选择。比起没有对比／反差的区域，这款工具更适合处理定义明确的对象。图 2-37 所示为对象选择工具的属性栏，其大部分选项与多边形套索工具相同。

图 2-37　对象选择工具属性栏

（1）从复合图像中进行颜色取样按钮 ：单击该按钮可对所有图层取样，根据所有图层，而并非仅仅是当前图层来创建选区。

（2）自动增强按钮 ：单击该按钮可减少选区边界的粗糙度和块效应，自动将选区流向图像边缘，并应用一些可以在选择并遮住工作区中手动应用的边缘调整。

（3）减去对象按钮 ：在删除当前对象选区内的背景区域时，减去对象按钮特别有用。因此，可以在要减去的区域周围绘制粗略的套索或矩形。在套索或矩形区域中包括更多背景，会产生较好的删减效果。

（4）选择主体按钮：该按钮旨在选择图像中所有的主要主体。只需单击一次，即可选择图像中最突出的主体。

（5）选择并遮住按钮：单击该按钮可进一步调整选区边界或根据不同背景或蒙版查看选区。

2．快速选择工具

快速选择工具 是一种非常直观、灵活和快捷的选择工具，适合选择图像中较大的单色区域。图 2-38 所示为快速选择工具的属性栏。

图 2-38　快速选择工具属性栏

（1）选区运算按钮：单击新选区按钮 ，可创建一个新选区；单击添加到选区按钮 ，可在原有选区的基础上添加一个选区；单击从选区减去按钮 ，可在原有选区的基础上减去当前绘制的选区。

快速选择工具利用可调整的圆形画笔笔尖快速绘制选区。当拖动时，选区会向外扩展并自动查找和跟随图像中定义的边缘。

（2）若要更改快速选择工具的画笔笔尖大小，则单击属性栏中的画笔工具并输入"大小"的像素值或移动"直径"滑块，如图2-39所示。使用"大小"弹出菜单选项，使画笔笔尖大小随钢笔压力或光笔轮而变化；在创建选区时，按右方括号（]）键可增大快速选择工具的画笔笔尖大小；按左方括号（[）键可减小快速选择工具的画笔笔尖大小。

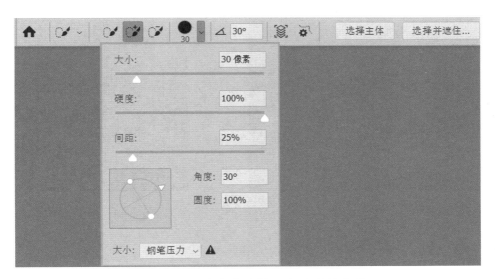

图2-39　设置快速选择工具的画笔参数

范例操作——快速选择工具的应用

（1）打开如图2-40所示的素材，如果要对画面中的一朵郁金香花添加选区，则利用快速选择工具最为恰当。

（2）首先调整画笔笔尖大小，然后在花朵主要部分添加选区，效果如图2-41所示。将画笔笔尖直径缩小，单击"添加到选区"按钮，图像放大后对细节部分逐一添加选区，即可完成目标选择，效果如图2-42所示。

图2-40　打开素材

图2-41　局部选择

图2-42　细节选择

（3）执行"选择"→"修改"→"羽化"菜单命令，在弹出的对话框中设置"羽化半径"为 3 像素，单击"确定"按钮即可。

（4）执行"图像"→"调整"→"色相/饱和度"菜单命令，在弹出的对话框中设置如图 2-43 所示的参数，单击"确定"按钮，效果如图 2-44 所示。

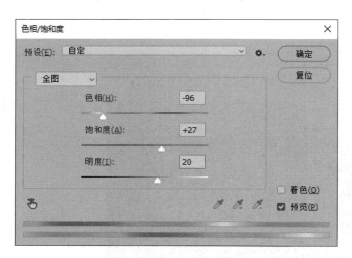

图 2-43　设置色相/饱和度参数

图 2-44　调整后的效果

3. 魔棒工具

利用魔棒工具 可以选择光标周围颜色相同或相近的区域，在实际图像处理中，一般用来选择成片的色域。该工具属性栏中较为重要的参数是"容差"数字框，如图 2-45 所示，其值越大，选择的颜色区域越广；其值越小，颜色区域选择得越精确。选中"只对连续像素取样"按钮 ，表示仅选取与单击点颜色相同且与之相连的区域，否则将选取所有与之相似的像素颜色。该按钮与"选择"菜单中的"扩大选取"和"选取相似"命令功能一致。"扩大选取"和"选取相似"命令的最大区别在于，"扩大选取"命令要求所选择的区域必须相互有联系且具有连续性；而"选取相似"命令则不论所选择的区域是否有联系，只要像素相近即可全部选择。因此，用户只需用魔棒工具单击部分选取区域，然后利用"扩大选取"和"选取相似"命令中的一个即可完成选择。

图 2-45　魔棒工具属性栏

📎范例操作——魔棒工具的应用

（1）打开素材，如图 2-46 所示，现在需要将画面中的花卉全部选择出来。首先激活魔棒工具，在白色背景区域中单击，效果如图 2-47 所示。由于白色之间并没有形成连续性，因此有部分没有添加上选区。

（2）执行"选择"→"选取相似"菜单命令，效果如图 2-48 所示。此时可以发现，画面中的花朵局部也自动添加了选区。激活套索工具，按住 Alt 键将其删减掉即可，效果如图 2-49 所示。

图 2-46　打开素材

图 2-47　选择白色区域

图 2-48　执行"选取相似"命令后的效果

图 2-49　删除部分选区

（3）执行"选择"→"反向"菜单命令，即可将花卉全部选择，效果如图 2-50 所示。执行"图像"→"调整"→"色相/饱和度"菜单命令，效果如图 2-51 所示。

图 2-50　执行"反向"命令后的效果

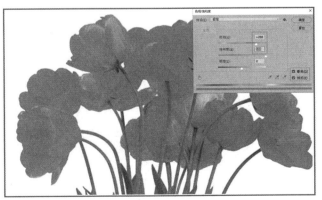

图 2-51　色彩平衡效果

2.2.4　色彩范围命令

执行"选择"→"色彩范围"菜单命令，弹出如图 2-52 所示的对话框。该命令与魔棒工具的功能相似，同样可以根据容差值与选择的颜色样本创建选区。其主要优势在于它可以根据图像中色彩的变化情况设定选择程度的变化，从而使选择操作更加灵活、准确。

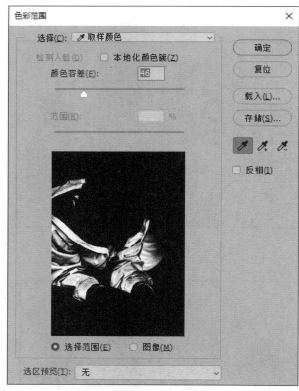

图 2-52 "色彩范围"对话框

（1）选择范围：在预览窗口中可以预览创建的选区。其中白色区域表示选择的范围，黑色区域表示未选择的范围，灰色区域则根据图像的灰度产生具有羽化性质的选区。

（2）图像：在预览窗口中显示整个图像。

（3）吸管工具：激活此按钮，在图像窗口或预览窗口中单击，可以选取一种颜色样本，即制定要选择的颜色范围。

（4）增加到取样工具：激活此按钮，在图像窗口或预览窗口中单击，可以增加选区的范围。

（5）从取样中减去工具：激活此按钮，在图像窗口或预览窗口中单击，可以减少选区的范围。

（6）颜色容差：用于设定选区范围的大小。

范例操作——色彩范围命令的应用

（1）打开素材，如图 2-53 所示，现在需要对人物身上服装的色彩进行变化。

（2）确认"色彩范围"对话框中的吸管工具与"选择范围"单选按钮处于选中状态，将光标指向要选取的颜色（中间色调）位置并单击，从而获取色样，如图 2-54 所示。此时图中白色部分并没有满足要求。单击增加到取样工具，如图 2-55 所示，分别单击同一色调中的暗部和亮部，可以发现白色部分逐渐增多，此时调整"颜色容差"数值，效果如图 2-56 所示。

图 2-53 打开素材

图 2-54 "色彩范围"对话框

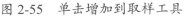

图 2-55　单击增加到取样工具

图 2-56　调整"颜色容差"数值

（3）单击"确定"按钮,效果如图 2-57 所示。此时基本达到选择色彩的要求,对于局部细节,可通过激活套索工具，按住 Shift 键，添加其他选区，如图 2-58 所示。

（4）执行"选择"→"修改"→"扩展"菜单命令，在弹出的对话框中设置如图 2-59 所示的参数，单击"确定"按钮，将选区向外扩展，保证变换色彩后服装的边缘与环境相吻合。

图 2-57　选择区域效果

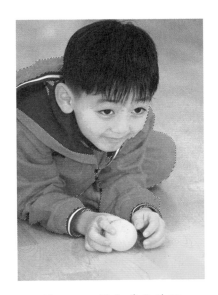

图 2-58　添加其他选区

图 2-59　"扩展选区"对话框

（5）使用 Ctrl+H 组合键将选区隐藏，如此方便观察颜色调整时的效果。

（6）执行"图像"→"调整"→"色相 / 饱和度"菜单命令,在弹出的对话框中设置如图 2-60所示的参数，单击"确定"按钮，效果如图 2-61 所示。

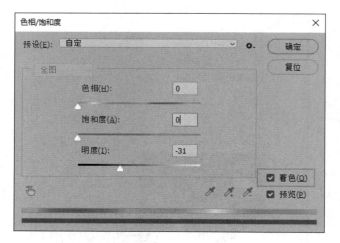

图 2-60　设置色相/饱和度参数

图 2-61　最终效果

2.2.5　裁剪工具组

利用裁剪工具组中的工具可以快速对图像中保留的部分进行裁剪，在处理数码照片时经常用到。在 Photoshop 2020 中该工具组有了很大的变化，其主要包括裁剪工具、透视裁剪工具、切片工具和切片选择工具，如图 2-62 所示。下面主要对裁剪工具和透视裁剪工具加以详述。

1．裁剪工具

裁剪工具是用来裁剪图像、重新定义画布大小的常用工具。通常在画面中拖出一个矩形框（裁剪框）定义要保留的内容，其大小和位置可以根据构图需要进行调整：将鼠标光标放置在裁剪框的控制点上并拖动，可以调整裁剪框的大小；将鼠标光标放置在裁剪框内单击并拖动，将移动画布的位置而非裁剪框的位置；将鼠标光标移至裁剪框的任一角，等出现旋转图标后按住鼠标左键可旋转画布。确定后按 Enter 键或在裁剪框内双击鼠标，即可将裁剪框外的图像裁剪掉。

激活裁剪工具，其属性栏如图 2-63 所示。如果对裁剪对象要求比较严格，则可以先设置属性栏参数，再进行裁剪。

图 2-62　裁剪工具组　　　　　　　　　图 2-63　裁剪工具属性栏

打开素材，如图 2-64 所示，下面将以此素材为示例一一解释相关命令。

1）比例

单击"比例"下拉按钮，弹出如图 2-65 所示的下拉菜单。

- "比例"选项：在该选项右侧的文本框中输入相应的比例数值即可执行裁剪操作，如图 2-66 所示。

- "宽 × 高 × 分辨率"选项：可在该选项右侧的文本框中输入相应的数值，确定裁剪后图像的大小，如图2-67所示。

图2-64 打开素材

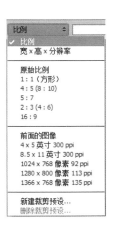

图2-65 "比例"下拉菜单

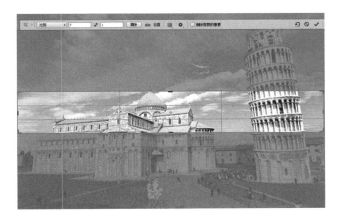

图2-66 设定比例

图2-67 设定宽 × 高 × 分辨率

- "原始比例"选项组：该选项组包括预设的几种常见比例，用户只需选择使用即可。
- "前面的图像"选项组：选择"前面的图像"选项，在属性栏中的各文本框中会显示当前图像的大小和分辨率。其他数值尺寸，一般情况下不会采用。

2）清除

在宽度、高度和分辨率文本框中输入数值后，Photoshop会将其保留下来，单击该按钮可以删除这些数值，恢复默认状态。

3）拉直

单击该按钮可以给裁剪的对象设定一个标准并以此找到平衡。如图2-68所示，沿塔的边缘绘制直线后，塔则自动形成垂直效果，如图2-69所示，调整裁剪框的大小，双击鼠标左键即可完成。

4）等分

单击该按钮会弹出如图2-70所示的下拉菜单，其中包括预设的几种比例选项，用户选择某选项后即可进行裁剪。

5）裁剪模式

单击该按钮会弹出如图 2-71 所示的下拉菜单，其中为预设的裁剪显示形式，老用户可以选择使用经典模式，保持以前版本的使用习惯。

图 2-68　绘制拉直标注

图 2-69　松开鼠标后的效果

图 2-70　等分下拉菜单

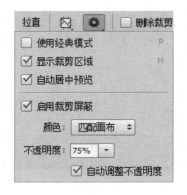

图 2-71　裁剪模式下拉菜单

2．透视裁剪工具

透视裁剪工具的属性栏设定更为简单，使用时只需按住鼠标左键拖动裁剪框，然后调整透视角度即可完成，如图 2-72 和图 2-73 所示。

图 2-72　设定裁剪角度

图 2-73　裁剪后的效果

2.2.6　颜色填充工具组

颜色填充工具组的作用是为图像文件填充设定的颜色、软件自带的图案或设定的图案，主要包括渐变工具 ▣ 和油漆桶填充工具 ▵。

1．渐变工具

使用渐变工具可以创建一种颜色向另一种颜色或多种颜色逐渐过渡的效果，它包括线性渐变 ▣、径向渐变 ▣、角度渐变 ▣、对称渐变 ▣ 和菱形渐变 ▣ 5 种方式。激活渐变工具，其属性栏如图 2-74 所示。

图 2-74　渐变工具属性栏

（1）渐变编辑按钮▣▬▬▬▾：单击渐变色条，将弹出"渐变编辑器"窗口，如图 2-75 所示，主要用于编辑渐变色；单击其右侧的 ✿ 按钮，将弹出渐变选项面板，用于选择已有的渐变选项，如图 2-76 所示。

图 2-75　"渐变编辑器"窗口

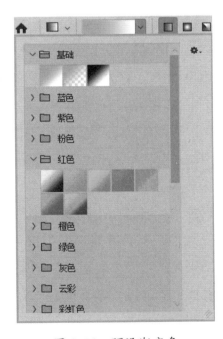

图 2-76　预设渐变色

（2）线性渐变工具：可以在画面中填充由鼠标光标的起点至终点的线性渐变效果。

（3）径向渐变工具：可以在画面中填充以鼠标光标的起点为中心，以鼠标拖曳距离为半径的环形渐变效果。

（4）角度渐变工具：可以在画面中填充以鼠标光标的起点为中心，自鼠标拖曳方向旋转一周的锥形渐变效果。

（5）对称渐变工具：可以产生自鼠标光标起点至终点的线性渐变效果，且以经过鼠标光标起点与拖曳方向垂直的直线为对称轴的轴对称直线渐变效果。

（6）菱形渐变工具：可以在画面中填充以鼠标光标的起点为中心，以鼠标拖曳距离为半径的菱形渐变效果。

图 2-77 所示为使用 3 种颜色和相同的参数进行渐变填充后的 5 种渐变效果对比。

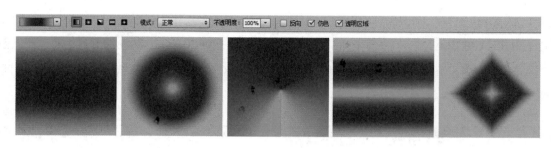

图 2-77　渐变效果对比

（7）模式：用于设置填充颜色或图案与原图像所产生的混合效果。

（8）不透明度：用于设置填充颜色或图案的不透明度。

（9）反向：勾选该复选框，在填充渐变色时会颠倒填充的渐变色的排列顺序。

（10）仿色：勾选该复选框，可以使渐变色之间的过渡更加柔和。

（11）透明区域：勾选该复选框，渐变编辑器中渐变选项的不透明度才会生效，否则将不支持渐变选项中的透明效果。

在实际设计中，有时需要创建一些必要的立体效果，而软件本身提供的渐变色往往不能满足需要，因此需要自己重新设定多种颜色之间的渐变形式。单击属性栏中的渐变色条，弹出如图 2-78 所示的窗口，在该窗口中可以设定自己想要的渐变颜色。如果在设定颜色时需要添加其他颜色，则只需在色带的下方单击鼠标即可添加色标按钮；反之，用鼠标按住多余色标按钮向下拖动即可删除。

- 预设窗口：该窗口中提供了多种渐变样式，单击缩略图即可进行选择。

- 渐变类型：该下拉列表框中提供了两种渐变类型，分别为"实底"和"杂色"。通常情况下采用"实底"类型。如果采用"杂色"类型，则应注意该窗口中"随机"选项的使用。

- 平滑度：用于设置渐变颜色过渡的平滑程度。

- 不透明度色标按钮：用于调整该位置的颜色透明度。当色带完全不透明时，色标显示为黑色；当色带完全透明时，色标显示为白色；其他情况为灰度。

- 颜色色标按钮：当显示🔒按钮时，表示此颜色为前景色；当显示🔒按钮时，表示此颜色为背景色；当按钮显示为其他图案时，表示此颜色为自定义颜色。

- 颜色：当选择一个颜色色标后，其色块显示的是当前使用的颜色，单击该色块或在色标上双击，可在弹出的"拾色器"对话框中设置色标的颜色。

- 位置：可以设置颜色色标按钮在整个色带上的百分比位置。

- 删除：单击此按钮可以删除当前选择的色标。

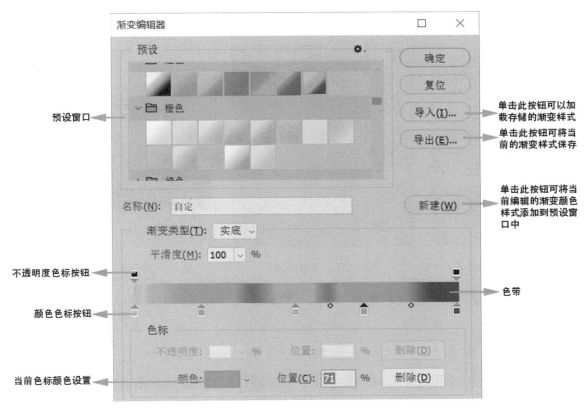

图 2-78　"渐变编辑器"窗口

范例操作——渐变工具的应用

（1）新建文件，其参数设置如图 2-79 所示。打开图层面板，新建"图层 1"图层。

（2）激活椭圆选框工具，按住 Shift 键绘制圆形选区，效果如图 2-80 所示。

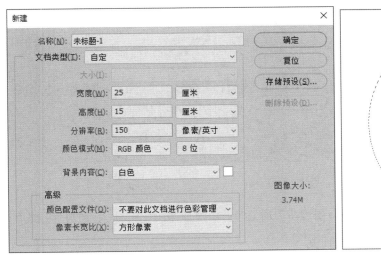

图 2-79　新建文件

图 2-80　绘制圆形选区

（3）激活渐变工具，然后单击属性栏中的渐变色条，在弹出的窗口中选择"前景色到背景色渐变"渐变样式，如图 2-81 所示。

（4）单击色带下方左侧的颜色色标按钮，如图 2-82 所示，然后单击颜色色块，在弹出的

"拾色器"对话框中设置颜色为深绿色（R：58、G：71、B：33），如图2-83所示。

  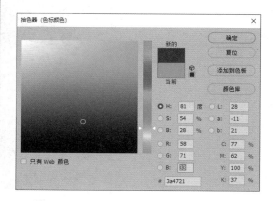

图2-81　选择渐变样式　　　　图2-82　选择色标　　　　　图2-83　设置颜色1

（5）单击色带下方右侧的颜色色标按钮，设置颜色为绿色（R：100、G：140、B：30），效果如图2-84所示。

（6）在色带的下方单击鼠标左键，添加一个色标，如图2-85所示，设置"位置"参数，设置颜色为浅绿色（R：150、G：216、B：30）。使用同样的方法依次在15%、30%、75%的位置添加色标，颜色依次设置为R：130、G：182、B：30，R：190、G：230、B：110，R：60、G：125、B：6，效果如图2-86所示。

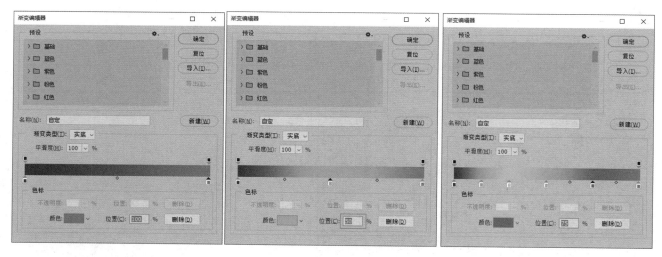

图2-84　设置颜色2　　　　　图2-85　添加色标　　　　　图2-86　设置颜色3

（7）激活渐变工具，在其属性栏中设置如图2-87所示的参数，按住鼠标左键自左上角向右下角拖动，效果如图2-88所示，苹果外形形成。

（8）新建"图层2"图层。取消选区，激活多边形套索工具，绘制如图2-89所示的选区。激活渐变工具，在其属性栏中设置线性渐变形式，按住鼠标左键自上向下拖动，效果如图2-90所示。

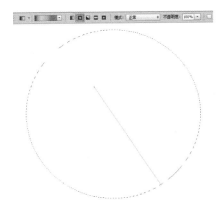

图 2-87 拖曳鼠标

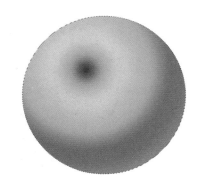

图 2-88 填充渐变色

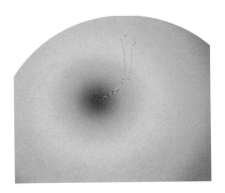

图 2-89 绘制选区

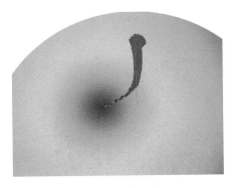

图 2-90 填充选区

（9）执行"选择"→"反向"菜单命令，将选区反选，然后执行"选择"→"修改"→"羽化"菜单命令，在弹出的对话框中设置如图 2-91 所示的参数，单击"确定"按钮。按 Delete 键删除填充过程中产生的棱角，效果如图 2-92 所示。

图 2-91 "羽化选区"对话框

图 2-92 删除棱角后的效果

（10）新建"图层 3"图层并将其置于"图层 1"图层的下方。激活椭圆选框工具，绘制如图 2-93 所示的选区。

（11）激活渐变工具，如图 2-94 所示，设置渐变填充色由深灰色至浅灰色。

（12）如图 2-95 所示，按住鼠标左键填充线性渐变色，效果如图 2-96 所示。

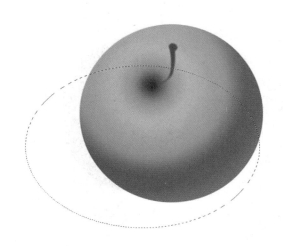

图 2-93　绘制椭圆选区

图 2-94　设置渐变色

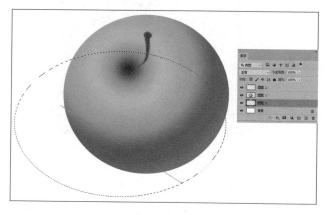

图 2-95　填充角度

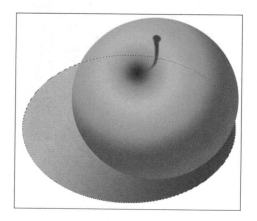

图 2-96　填充效果

（13）执行"滤镜"→"模糊"→"高斯模糊"菜单命令，在弹出的对话框中设置如图 2-97 所示的参数，单击"确定"按钮，效果如图 2-98 所示，苹果及其阴影效果制作完成。

图 2-97　"高斯模糊"对话框

图 2-98　最终效果

2. 油漆桶填充工具

使用油漆桶填充工具可以填充前景色和图案。激活该工具，其属性栏如图 2-99 所示。

图 2-99 油漆桶填充工具属性栏

（1）"设置填充区域的源"下拉列表框 前景 ：用于设置向画面或选区中填充的内容，包括"前景"和"图案"两个选项。当选择"前景"选项时，填充的色彩为前景色；当选择"图案"选项时，在其右侧的窗口中会显示图案内容，当然也可以选择其他图案内容。

（2）容差：控制图像中填充颜色或图案的范围，数值越大，填充的范围越大。

（3）连续的：勾选此复选框后填充时只能填充与鼠标单击处颜色相近且相连的区域；反之，则填充与鼠标单击处颜色相近的所有区域。

（4）所有图层：勾选此复选框后填充的范围是图像文件中的所有图层。

范例操作——油漆桶填充工具的应用

（1）打开素材，如图 2-100 所示。使用 Ctrl+A 组合键将其全选，然后使用 Ctrl+X、Ctrl+V 组合键对其进行剪切并粘贴，形成"图层 1"图层。

（2）按 Ctrl+T 组合键，按住 Shift+Alt 组合键将图像向中心缩小，缩小的距离依据设计需要（画框的宽度）决定，效果如图 2-101 所示。

图 2-100 打开素材 1

图 2-101 缩小尺寸

（3）打开素材，如图 2-102 所示。使用 Ctrl+A 组合键将其全选，然后执行"编辑"→"定义图案"菜单命令，弹出"图案名称"对话框，如图 2-103 所示，单击"确定"按钮即可。

图 2-102 打开素材 2

图 2-103 定义图案

（4）以"图层1"图层为当前层，按住Ctrl键单击缩略图载入选区，然后执行"选择"→"反选"菜单命令。新建"图层2"图层。执行"编辑"→"填充"菜单命令，在弹出的对话框中选择刚刚定义的图案，如图2-104所示，单击"确定"按钮，效果如图2-105所示。

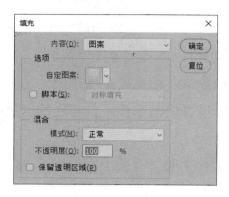

图 2-104 "填充"对话框

图 2-105 填充效果

（5）取消选区，以"图层1"图层为当前层，执行"图层"→"图层样式"→"描边"菜单命令，在弹出的对话框中设置如图2-106所示的参数，单击"确定"按钮，效果如图2-107所示。

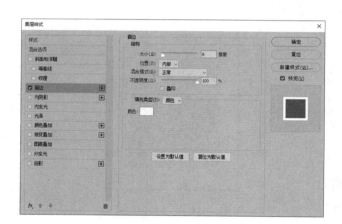

图 2-106 设置描边参数

图 2-107 描边效果

（6）执行"图像"→"画布大小"菜单命令，在弹出的对话框中设置如图2-108所示的参数，注意应保持上下扩大的边缘一样宽，单击"确定"按钮，效果如图2-109所示。

图 2-108 "画布大小"对话框

图 2-109 改变画布大小

（7）执行"图像"→"图像大小"菜单命令，在弹出的对话框中可以观察到改变画布大小后图像的长、宽尺寸，如图2-110所示。激活矩形选框工具，在其属性栏中设置如图2-111所示的参数，并绘制选区。

图2-110　"图像大小"对话框

图2-111　绘制矩形选区

（8）新建"图层3"图层。激活渐变工具，设置渐变色如图2-112所示，按住鼠标左键自上而下拖动，效果如图2-113所示。

图2-112　设置渐变色

图2-113　填充渐变色

（9）新建"图层4"图层。使用同样的方法绘制竖向选区并填充相同的渐变色，考虑视觉效果，宽度增加4像素，效果如图2-114所示。

（10）激活多边形套索工具，如图2-115所示，沿对角线方向绘制选区，然后按Delete键删除（注意当前层），效果如图2-116所示。

（11）取消选区，将"图层3"图层与"图层4"图层合并为"图层3"图层。激活矩形选框工具，绘制如图2-117所示的选区。

图 2-114　竖向填充渐变色

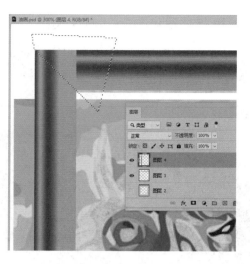

图 2-115　绘制选区

图 2-116　删除后的效果

图 2-117　再次绘制选区

（12）执行"滤镜"→"扭曲"→"旋转扭曲"菜单命令，在弹出的对话框中设置如图 2-118 所示的参数，单击"确定"按钮，效果如图 2-119 所示。为保证纹理一致，执行"选择"→"存储选区"菜单命令即可。

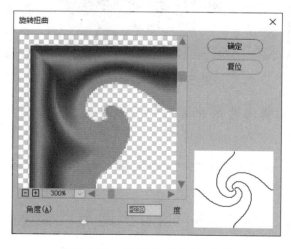

图 2-118　设置旋转扭曲参数

图 2-119　旋转扭曲后的效果

（13）复制"图层 3"图层，然后分别执行"编辑"→"变换"→"水平翻转"和"垂直翻转"菜单命令，仔细调整位置后合并图层，效果如图 2-120 所示。

（14）执行"选择"→"载入选区"菜单命令，同样执行"旋转扭曲"命令，设置参数，效果如图 2-121 所示。

图 2-120　镜像效果

图 2-121　四角完整效果

（15）执行"图层"→"图层样式"→"纹理"菜单命令，在弹出的对话框中设置如图 2-122 所示的参数，单击"确定"按钮，效果如图 2-123 所示。

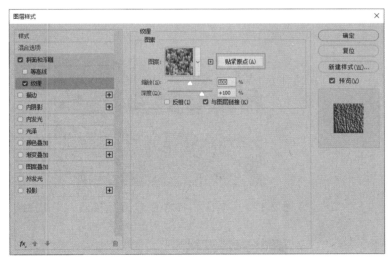

图 2-122　设置纹理参数

图 2-123　最终效果

2.3　实例解析

2.3.1　标志设计案例 1

（1）新建文件，设置如图 2-124 所示的参数，然后单击"确定"按钮。

（2）激活工具箱中的钢笔工具，绘制钻石标志，在绘制过程中通过使用直接选择工具调整锚点，完善标志形态，使曲线自然流畅，效果如图 2-125 所示（路径工具的使用方法详见第 5 章）。

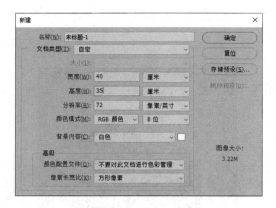

图 2-124　新建文件

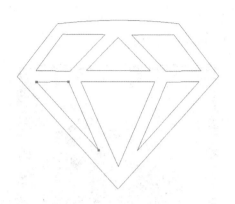

图 2-125　绘制路径

（3）在"路径"面板中存储绘制的钻石标志路径，如图 2-126 所示。

（4）在"路径"面板中，如图 2-127 所示，单击面板下方的"将路径作为选区载入"按钮，使得标志路径转换为选区，效果如图 2-128 所示。

（5）执行"选择"→"存储选区"菜单命令，将路径转换为选区并存储。

（6）打开"金属"图片素材，如图 2-129 所示。

图 2-126　存储路径

图 2-127　单击"将路径作为选区载入"按钮

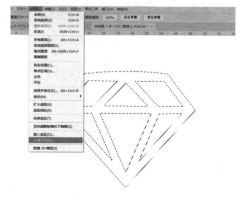

图 2-128　将路径转换为选区

图 2-129　打开"金属"图片素材

（7）将"金属"图片复制到"标志"文件中。执行"选择"→"载入选区"菜单命令，在弹出的对话框中的"通道"下拉列表中选择"Alpha 1"通道，如图 2-130 所示，单击"确定"按钮，效果如图 2-131 所示。

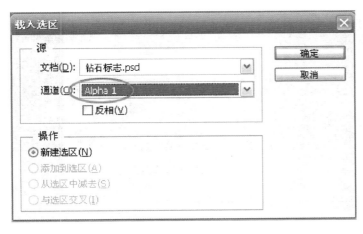 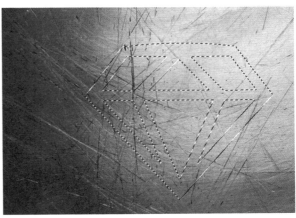

图 2-130　选择通道　　　　　　　　　　　　　图 2-131　载入选区

（8）执行"选择"→"反向"菜单命令，使得选区反转，然后按 Delete 键删除，效果如图 2-132 所示。

（9）执行"滤镜"→"锐化"→"锐化"菜单命令，可以重复这一操作 2 ～ 3 次，加强锐化，效果如图 2-133 所示。

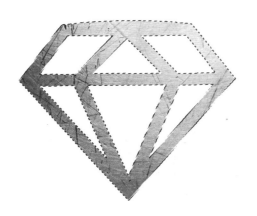 

图 2-132　删除背景　　　　　　　　　　　　　图 2-133　锐化后的效果

（10）在图层面板中，如图 2-134 所示，单击下面的"添加图层样式"按钮，在弹出的下拉菜单中选择"斜面和浮雕"选项，在"斜面和浮雕"面板中设置"斜面和浮雕"参数，如图 2-135 所示，单击"确定"按钮，效果如图 2-136 所示。

（11）在"图层样式"对话框中继续添加"投影"效果，设置如图 2-137 所示的参数，单击"确定"按钮，效果如图 2-138 所示。

（12）打开"金属网"图片素材，如图 2-139 所示。

图 2-134　单击"添加图层样式"按钮

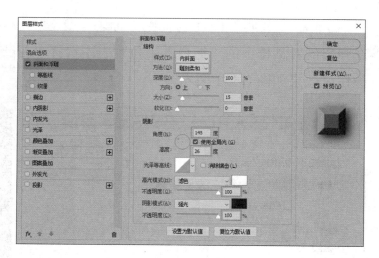

图 2-135　"斜面和浮雕"面板

图 2-136　斜面和浮雕效果

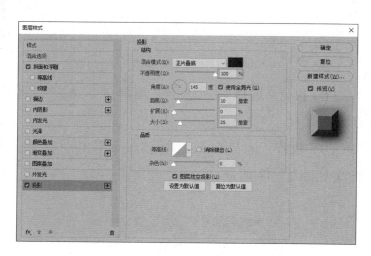

图 2-137　设置投影参数

图 2-138　投影效果

图 2-139　打开"金属网"图片素材

（13）将"金属网"图片复制到"标志"文件中，调整至如图 2-140 所示的位置。

（14）执行"图像"→"调整"→"色相/饱和度"菜单命令,在弹出的对话框中设置如图 2-141 所示的参数，单击"确定"按钮，效果如图 2-142 所示。

（15）在图层面板中，将"图层 2"图层放置在"图层 1"图层的下面，并以"图层 2"图层为当前选择层，如图 2-143 所示。

图 2-140　复制图片并调整其位置

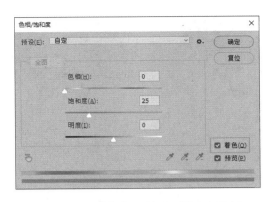

图 2-141　"色相/饱和度"对话框

图 2-142　调整色相/饱和度后的效果

图 2-143　调整图层 1

（16）仍以"图层 2"图层为当前层，激活多边形套索工具，沿如图 2-144 所示的红线绘制选区。

（17）执行"选择"→"反向"菜单命令，将选区反转，然后按 Delete 键删除，效果如图 2-145 所示。

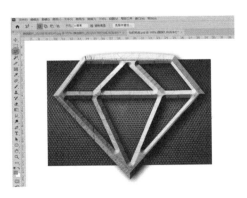

图 2-144　绘制选区

图 2-145　删除选区内容

（18）打开"生锈金属"图片素材，如图 2-146 所示。

（19）将"生锈金属"图片复制到"标志"文件中。在图层面板中，如图 2-147 所示，将"图层 3"图层放置在"图层 2"图层的下面。

（20）以"图层 3"图层为当前层，执行"图像"→"调整"→"色相/饱和度"菜单命令，在弹出的对话框中设置如图 2-148 所示的参数，单击"确定"按钮，效果如图 2-149 所示。

图 2-146 打开"生锈金属"图片素材

图 2-147 调整图层 2

图 2-148 设置色相 / 饱和度参数

图 2-149 设置参数后的效果

（21）执行"滤镜"→"锐化"→"锐化"菜单命令，可以重复这一操作 3 ～ 4 次，加强锐化，效果如图 2-150 所示。此时图层面板如图 2-151 所示。

图 2-150 执行锐化操作后的效果

图 2-151 图层面板

2.3.2 标志设计案例 2

本案例制作透明质感的标志，如图 2-152 所示。

图 2-152　透明质感的标志

（1）执行"文件"→"新建"菜单命令，在弹出的"新建"对话框中设置如图 2-153 所示的参数，单击"确定"按钮。

（2）在图层面板中新建"图层 1"图层，如图 2-154 所示。

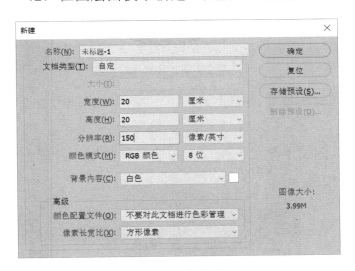

图 2-153　新建文件

图 2-154　新建"图层 1"图层

（3）激活工具箱中的椭圆选框工具，按住 Shift 键，在画面中绘制圆形选区，如图 2-155 所示。

（4）将前景色设置为黑色，执行"编辑"→"填充"菜单命令，将圆形选区填充为黑色。

（5）执行"图层"→"复制图层"菜单命令，如图 2-156 所示，将"图层 1"图层复制为"图层 1 拷贝"图层，此时图层面板如图 2-157 所示。

（6）执行"视图"→"标尺"菜单命令，在画面的上边和左边会出现辅助标尺。

（7）执行"编辑"→"自由变换"菜单命令，此时黑色圆形上会出现圆心。按住鼠标左键，从标尺中拖出横向和纵向两条辅助线放置在圆心处，如图 2-158 所示。

图 2-155　绘制圆形选区

图 2-156　复制图层

图 2-157　复制图层后的图层面板

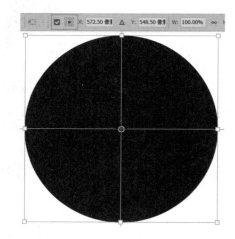

图 2-158　添加辅助线

（8）按住 Shift+Alt 组合键，拖动圆形四周的缩放手柄缩小圆形，这样可以保证圆心始终在辅助线的交叉点上，如图 2-159 所示。

（9）完成缩放操作后，在图层面板中的"图层 1 拷贝"图层上单击鼠标右键，在弹出的快捷菜单中选择"删除图层"命令，如图 2-160 所示。

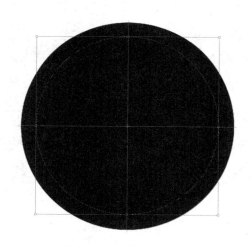

图 2-159　等比例缩小

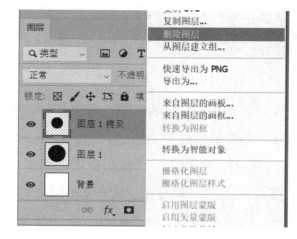

图 2-160　选择"删除图层"命令

（10）保留画面中的圆形选区，将"图层 1"图层作为当前层，按 Delete 键删除选区部分，效果如图 2-161 所示。

（11）分别单击工具箱中的前景色和背景色按钮，在弹出的对话框中设置前景色：R 为 0、G 为 150、B 为 190；设置背景色：R 为 160、G 为 210、B 为 230。

（12）取消选区，在图层面板中激活"锁定"按钮，如图 2-162 所示。

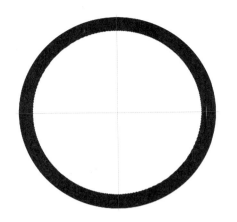

图 2-161　删除后的效果 1

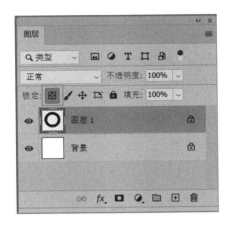

图 2-162　锁定图层

（13）激活渐变工具，在其属性栏中单击"径向渐变"按钮，打开"渐变编辑器"窗口，在其中设置如图 2-163 所示的参数（R 为 162、G 为 211、B 为 232；R 为 7、G 为 150、B 为 195）。

（14）按住鼠标左键，从圆心到圆的边缘进行渐变填充，效果如图 2-164 所示。

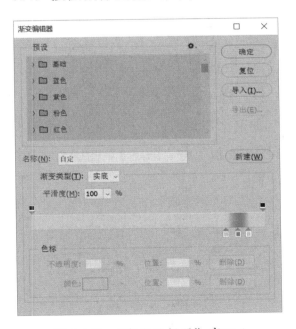

图 2-163　"渐变编辑器"窗口 1

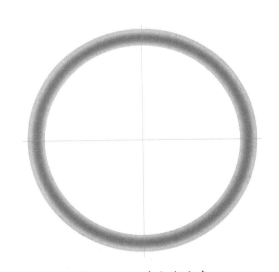

图 2-164　填充渐变色

（15）设置前景色：R 为 0、G 为 90、B 为 170。在图层面板中取消激活"锁定"按钮。执行"编辑"→"描边"菜单命令，在弹出的对话框中设置如图 2-165 所示的参数，单击"确定"按钮。

（16）创建"图层 2"图层。设置前景色：R 为 0、G 为 110、B 为 170，此时图层面板如图 2-166 所示。

图 2-165　设置描边参数

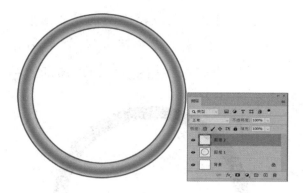

图 2-166　创建图层并设置前景色

（17）在"图层 2"图层中绘制宽度为 3mm 左右，高度超过圆环的矩形框，并填充前景色，效果如图 2-167 所示。

（18）设置前景色：R 为 20、G 为 160、B 为 200。

（19）将矩形框移动到矩形的右侧并紧贴矩形，填充前景色，效果如图 2-168 所示。

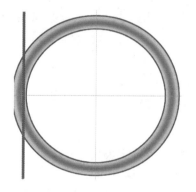

图 2-167　绘制矩形框并填充前景色

图 2-168　绘制选区并填充颜色

（20）激活工具箱中的矩形选框工具，选取刚刚绘制的两个矩形，按住 Ctrl+Shift+ Alt 组合键，拖动鼠标进行多次复制，效果如图 2-169 所示。打开图层面板，将"图层 1"图层与"图层 2"图层的位置上下调换，如图 2-170 所示。

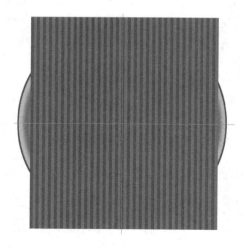

图 2-169　多次复制效果

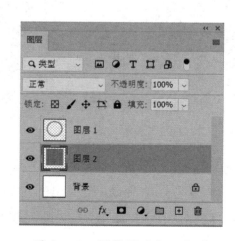

图 2-170　调整图层上下位置

（21）激活工具箱中的椭圆选框工具，在圆环上绘制圆形选区，然后执行"选择"→"反选"菜单命令，使圆形选区以外的部分成为选区，如图2-171所示。

（22）按Delete键删除选区部分，效果如图2-172所示。

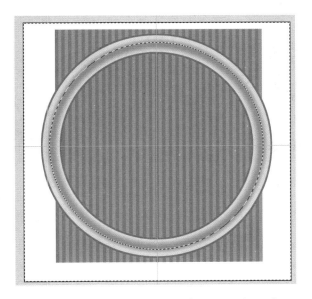

图2-171　绘制图形选区并执行反选操作

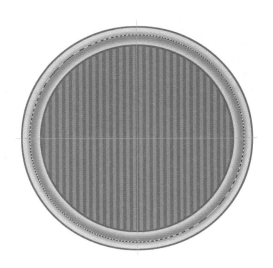

图2-172　删除后的效果2

（23）在"图层2"图层的上方创建"图层3"图层，设置前景色：R为160、G为240、B为240。

（24）激活工具箱中的渐变工具，打开"渐变编辑器"窗口，在其中选择"前景色到透明"选项，如图2-173所示。

（25）在图形下方适当位置拖动鼠标，绘制渐变色，效果如图2-174所示。

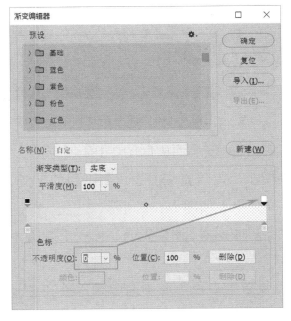

图2-173　"渐变编辑器"窗口2

图2-174　绘制渐变色

（26）在"图层3"图层的上方创建"图层4"图层。激活工具箱中的钢笔工具，绘制路径并利用直接选择工具调整锚点，使路径曲线流畅，效果如图2-175所示。

（27）在路径面板中单击"将路径作为选区载入"按钮，如图2-176所示，将路径转换为选区，如图2-177所示。

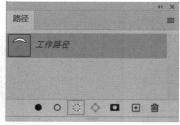
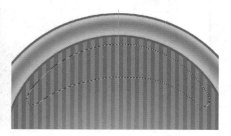

图 2-175　绘制路径并调整锚点　　　图 2-176　路径面板　　　图 2-177　将路径转换为选区

（28）将前景色设置为白色，设置背景色：R为160、G为220、B为240。激活工具箱中的渐变工具，以"前景色到背景色渐变"渐变样式填充选区，效果如图2-178所示。

（29）在图层面板中，将图层的"不透明度"参数值调整为40%，如图2-179所示，效果如图2-180所示。

图 2-178　填充选区　　　图 2-179　调整不透明度　　　图 2-180　调整不透明度后的效果

（30）复制"图层4"图层为"图层4副本"图层，此时图层面板如图2-181所示。

（31）将前景色设置为白色，激活工具箱中的渐变工具，填充从前景色到透明的渐变。关掉图层面板中"图层4"图层的"眼睛"，可观察填充效果，如图2-182所示。

（32）打开图层面板中"图层4"图层的"眼睛"，"图层4副本"图层完成后的效果如图2-183所示。

（33）激活工具箱中的横排文字工具，将前景色设置为白色，在画面中输入英文"i.go"，选择合适的字体。激活属性栏中的"切换字符和段落面板"按钮，在弹出的字符面板中进行相应的设置，如图2-184所示，调整文字的位置，效果如图2-185所示。

图 2-181　图层面板

图 2-182　填充效果

图 2-183　"图层4副本"图层
完成后的效果

图 2-184　字符面板

图 2-185　输入文字后的效果

（34）单击图层面板下方的"添加图层样式"按钮，在弹出的"图层样式"对话框中设置投影参数，如图 2-186 所示，单击"确定"按钮，效果如图 2-187 所示。此时，图层面板如图 2-188 所示。

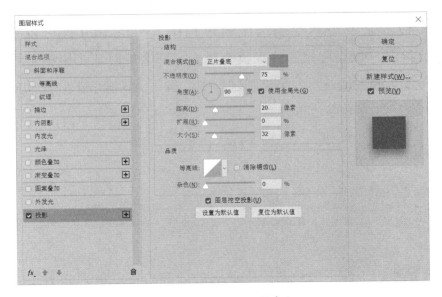

图 2-186　设置投影参数

图 2-187　投影效果

图 2-188　最终的图层面板

2.4　常用小技巧

（1）在使用矩形选框工具时，按住 Alt 键拖动鼠标将以单击点为中心向外创建选区；按住 Shift 键拖动鼠标可以创建正方形选区；按住 Alt+Shift 组合键拖动鼠标则可以从中心点向外创建正方形选区。

（2）在使用椭圆选框工具时，按住 Shift 键拖动鼠标将创建圆形选区；按住 Alt 键拖动鼠标将以单击点为中心向外创建选区；按住 Alt+Shift 组合键拖动鼠标则可以从中心点向外创建圆形选区。按住 Shift+M 组合键可进行椭圆选框工具和矩形选框工具的切换。

（3）在使用套索工具绘制选区的过程中，按下 Alt 键后松开鼠标左键，可切换为多变形套索工具，移动鼠标至其他区域单击可以绘制直线，松开 Alt 键后恢复为套索工具。

（4）在使用多边形套索工具绘制选区的过程中，按下 Shift 键可以锁定水平、垂直、45°角为增量进行绘制。如果起点和终点没有重合，那么此时双击鼠标可结束绘制并在起点和终点之间连接一条直线封闭选区；在绘制过程中，按下 Alt 键单击并拖动鼠标，可切换为套索工具，松开 Alt 键后恢复为多边形套索工具。

2.5　相关知识链接

2.5.1　标志的分类与特点

1．标志的分类

标志具有十分强烈的个性形象色彩，因此它的分类与特点也十分明显，大致可以分为以下几种类型。

1）地域标志

国徽、市徽、区徽及校徽、班徽等都属于这一类型。其最大的特点是带有鲜明的区域特色，故称为地域标志。该类型的标志在不同的方面反映出该地区的社会政治、经济、军事、文化、民族、历史及人文等方面的特点。表现形式、构思立意一般采用象征性手法，以点代面，强化和突出该地区特色。我国的国徽就是一个很成功的地域标志。

2）社会集团标志

这一类标志是指某一社会集团机构所使用的标志，包括机构标志、企业标志、会议标志、专业标志。机构标志的最大特点是根据自身的需要和特点用固定的标志作为本机构的识别形象，从内容到形式要体现机构的特色、职能范围、服务对象和规模。会议标志主要是组织机构与会议相结合的特质、规模等所使用的标志图形，分为长期使用和短期使用两种。会议一般都是某社会集团、企业的附属活动，因此会议标志相对具有某些灵活性和时间性。企业标志是企业进行商品活动的符号，是企业信誉、质量效益的视觉化形象。在当今的商业社会中，企业标志的作用越来越显得重要，它与商标在经济活动中共同发挥巨大的催化剂的作用。专业标志是指社会各专业机构的图形象征，有极强的专业特色，如出版、航空、铁路、海关、公安、医院等机构，其标志在立意和表现形式上各有其专业特点。突出专业特色是专业标志的最大特点。

3）社会公益标志

社会公益标志包括交通标志、安全标志、公交活动标志、公益记忆符号等，其主要是为社会公益活动而使用的一类识别图形。此类标志关系着社会活动与规范，是一种无国籍标志。比如，交通标志是为保证车辆和行人的安全与便利而设计的识别图形；安全标志警示人们在特定场合下的安全与防护；公交活动标志用于各类广泛、丰富的公益活动，其设计呈现出形式多样、五彩缤纷的特点，并带有活动的特色，有利于活动的开展，也便于活动的宣传。

4）商品标志

商品标志简称商标，是企业产品的特定标志。通过这种标志可以辨明商品、劳务和企业，树立商品的质量信誉。商标与企业标志有必然的联系，但又有着明显的区别。企业标志可以与商标同用一个视觉形象，如"可口可乐"，它既是企业标志，又是商标。商标与标志可分别独立使用，商标的特点在于其商业化的特点和盈利目的。商标在相当程度上维系着企业的生存与发展，象征着企业的质量与信誉，它是产、供、销三者之间的必然纽带。商标所带来的"无形资产"能为企业产生巨大的社会和经济效益。

当然，根据形式的不同，商标可分为图形标志，包括抽象图形标志和具象图形标志；以文字为创意核心的标志；综合创意标志；系列标志。

2．标志的特点

（1）功用性：标志的本质在于它的功用性。经过艺术设计的标志虽然具有观赏价值，但其主要不是为了供人观赏，而是为了实用。标志是人们进行生产活动、社会活动必不可少的直观工具。

（2）识别性：标志最突出的特点是各具独特面貌，易于识别，显示事物自身特征。标志事物间不同的意义、区别与归属是标志的主要功能。

（3）显著性：显著性是标志的又一重要特点，除隐形标志外，绝大多数标志的设计就是要引起人们注意的。

（4）多样性：标志种类繁多、用途广泛，从其应用形式、构成形式、表现手法来看，都有着极其丰富的多样性。

（5）艺术性：凡经过设计的非自然标志都具有某种程度的艺术性。既符合实用要求，又符合美学原则，给人以美感，是对其艺术性的基本要求。一般来说，艺术性强的标志更能吸引和感染人，给人以强烈和深刻的印象。

（6）准确性：标志无论要说明什么还是指示什么，无论寓意还是象征，其含义必须准确。首先要易懂，符合人们的认识心理和认识能力；其次要准确，避免意料之外的多解或误解，尤其应注意禁忌。

（7）持久性：标志与广告或其他宣传品不同，一般都具有长期使用价值，不轻易改动。

2.5.2 标志的设计构思

标志设计作为一项独立的具有独特构思思维的设计活动，有其自身的规律和遵循的原则，在方寸之间要体现出多方位的设计理念。

成功的标志设计要点可归纳为几个方面：强、美、独、象征。方寸之间的标志形象决定了它在形式上必须鲜明强烈，过目不忘。

（1）强：强烈的视觉感受，具有视觉冲击力和"团块"效应。

（2）美：符合美的规律的优美造型和优美的寓意。

（3）独：独特的创意，举世无双。

（4）象征：具有最洗练、简洁的象征之意，无任何牵强附会之感。

较之其他艺术形式，标志有更加集中表达主题的本领。造型因素和表现方法的单纯，使标志图形有可能像闪电般强烈，诗句般凝练，信号灯般醒目。

2.5.3 标志设计的基本原则

标志设计的基本原则是简练、概括、完美，即要成功到几乎找不到更好的替代方案，其难度比其他任何艺术设计都要大得多。因此，标志设计遵循以下原则：

（1）设计应在详尽明了设计对象的使用目的、适用范畴及有关法规等有关情况和深刻领会其功能性要求的前提下进行。

（2）设计必须充分考虑其实现的可行性，针对其应用形式、材料和制作条件采取相应的设计手段。同时，还要顾及标志应用于其他视觉传播方式（如印刷、广告、映象等）或放大、缩小时的视觉效果。

（3）设计要符合作用对象的直观接受能力、审美意识、社会心理和禁忌。

（4）构思必须慎重推敲，力求深刻、巧妙、新颖、独特，表意准确，能经受住时间的考验。

（5）构图要精练、美观。

（6）图形、符号既要简练、概括，又要讲究艺术性。

（7）色彩要单纯、强烈、醒目。

（8）遵循标志艺术规律，创造性地探求合适的艺术表现形式和手法。

第3章 字体设计——文本与图层的应用

文字是一种特殊的设计符号。文字设计的主旨在于如何按照设计规律进行整体的精心安排。文字设计是随着人类生产和实践的产生而产生的，随着人类文明的进步而逐渐成熟。世界上的很多国家都有自己的文字。在世界多种文字发展的历史进程中，最终形成了代表当今世界上文字体系的两大重要系统：一是代表东方文明的汉字；二是代表西方文明的拉丁字母文字。这两大文字系统都起源于图形符号，经过几千年的漫长进化后最终形成了各具特色的完整系统（见图3-1和图3-2）。

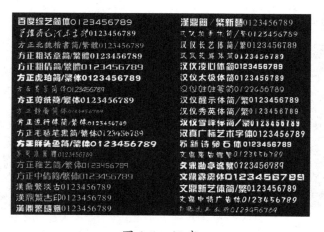

图 3-1 汉字

图 3-2 拉丁字母文字

汉字又称方块字，其在笔画上的变化使之具有多变的意义，每个汉字都具有一种或多种含义。因此，在汉字的设计上可以参考笔画和字体本身的意义进行艺术创造。

相对于汉字来说，拉丁字母的每个字母本身是不具有意义的，而是通过对字母的组合而形成单词，这样26个简单的拉丁字母可以变化出无数种组合形式，不同的组合形式所具有的排列美感是对其进行设计的突破口，这也正是一种组合的独特优势所在。

字体设计是运用装饰性手法美化文字的一种书写艺术和艺术造型活动。对文字进行完美的视觉感受设计，可以大大增强文字的形象魅力，在现代视觉传达设计中被广泛应用，强烈的视觉冲击效果可以引起人们的关注，如图3-3和图3-4所示。

字体设计是现代平面设计的重要组成部分，其设计的优劣与设计者的艺术修养、学识、经验等方面因素有关。通过不同的途径扩大艺术视野，充分发挥设计者的艺术想象力，以达到较完美的设计艺术视觉效果。

图 3-3 装饰字体 1

图 3-4 装饰字体 2

可读性、艺术性、思想性是字体设计的 3 条主要原则，艺术性较强的字体应该既要不失易读性，又要突出内容性。因此，在设计字体时应该注意文字的可读性，要赋予文字个性，在视觉上应给人以美感，在设计上要富于创造性、思想性，如图 3-5 和图 3-6 所示。

图 3-5 个性化字体

图 3-6 艺术性字体

3.1 字体设计案例分析

1. 创意定位

在计算机普及的现代设计领域中，文字的设计工作很大一部分由计算机代替人脑完成。但设计作品所面对的观众始终是人脑，而不是计算机，因此，当涉及诸如创意、审美这样的人的思维方面的问题时，计算机始终是不可替代人脑的。

同时，文字是记录语言的符号，是视觉传达情感的媒体。文字以"形"的方式体现表达意思，传达情感。文字利用其形，通过音来表达意义。意美以感心，音美以感耳，形美以感目。字体设计既体现出字意，又使之富于艺术魅力。下面通过一组字体设计加以说明，如图 3-7 和图 3-8 所示。

图 3-7　钻石字体设计

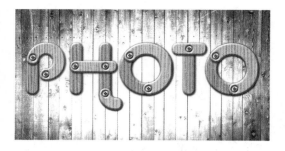

图 3-8　肌理字体设计

2．所用知识点

在字体设计中，我们使用了 Photoshop 中的文字工具，图层及图层样式中的内阴影、内发光、斜面和浮雕、渐变叠加、光泽、等高线和滤镜中的光照效果、高斯模糊等命令。

3．制作分析

- 利用文字工具确定制作主体。
- 利用图层样式命令制作立体效果。
- 使用定义图案、渐变填充、路径等命令。
- 利用图像调整相关命令改变材质。

3.2　知识卡片

3.2.1　图层的认识

"图层"是 Photoshop 中最重要、最基本的概念之一。图层就如同堆叠在一起的透明纸，在没有着色之前，永远都是透明的。Photoshop 的图层功能给用户在进行图像合成时提供了很大的方便，透过图层的透明区域可看到下面的图层。可以通过移动图层来定位图层上的内容，也可以更改图层的不透明度以使内容部分透明。Photoshop 本身对开设层的数量没有限制，但开设的层数受计算机内存大小的限制，内存小的计算机若开设的层数太多，则有可能会死机。一般情况下图层的操作在"图层"面板中进行。

1．图层的特点

每个图层都有自己的位置，因此可以对每个图层中的图像单独进行编辑而不影响其他图层中的图像。上层中的图像部分将遮盖下层中的图像。图层可以打开或关闭，关闭后的图层不可见。

对图层可以进行复制和移动，或改变上下位置；无用的图层应扔进垃圾筒，即进行删除操作，否则将会占用硬盘空间。在"图层"面板中单击某一图层，该图层会变成亮色条，即成为当前层；通常只能在当前层中编辑图像与文档。

打开一个图像文件，位于底层的图层称作背景层，底层的图像一般不能移动位置及删除。在"图层"面板中，在背景层右侧有一个锁定标记，如图 3-9 所示。双击背景层，在弹出的对话框中对其更名后，即可移动它的位置，如图 3-10 所示，也可将背景层变成普通图层，这时该层与其他层的性质一样。

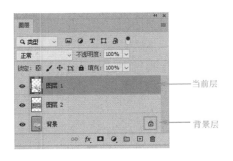

图 3-9 "图层"面板

图 3-10 更改图层名称

2. 图层面板

执行"窗口"→"图层"菜单命令，可以打开"图层"浮动面板。用户可利用图层面板来完成创建和删除图层、移动和编辑图层中的对象、重新安排图层等一系列操作。同时，图层面板中列出了图像中的所有图层、图层组和图层效果。可以使用图层面板来显示和隐藏图层、创建新图层及处理图层组；也可以在图层面板菜单中访问其他命令和选项。打开如图 3-11 所示的文件，在其图层面板中可以看到在创作此图像时涉及的不同图层及每个图层的效果。

图 3-11 图层面板介绍

依据设计作品的效果不同，图层元素会有所不同，有些图像或多或少地使用不同图层效果，在此仅为介绍图层面板而选择该图像。

（1）"图层面板菜单"按钮▤：单击此按钮可以弹出图层面板的下拉菜单，其中包括新建图层、删除图层、图层样式等命令。

（2）"图层混合模式"按钮 正常⌄：用于设置当前图层中的图像与下面图层中的图像以何种模式进行混合。

（3）"不透明度"项 不透明度:：用于设置当前图层中图像的不透明度。数值越小，图像越透明；反之，则图像越不透明。

（4）"锁定透明图像"按钮▦：单击此按钮可以使当前图层中的透明区域保持透明。

（5）"锁定图像像素"按钮✎：单击此按钮，在当前图层中不能进行图形、图像绘制及其他命令操作。

（6）"锁定位置"按钮✚：单击此按钮可以将当前图层中的图像锁定而不被移动。

（7）"锁定全部"按钮▤：单击此按钮，在当前图层中不能进行任何编辑、修改操作。

（8）"填充"项 填充：用于设置图层中图形填充颜色的不透明度。

（9）"显示／隐藏图层"图标👁：单击此图标，图标中的眼睛将被关闭，表示此图层处于不可见状态；反之，为可见图层。

（10）图层缩略图：图层中用于显示本图层的内容缩略图，其随该图层中图像的变化而同步更新，以便用户查找和在进行图层处理时参考。

（11）图层组：图层组是图层的组合，其作用相当于我们常说的"文件夹"，主要用于组织和管理图层。当移动或复制图层组时，其里面的内容可以同时被执行命令。

在图层面板的底部有 7 个按钮，其作用如下。

（12）"链接图层"按钮🔗：通过链接两个或多个图层，可以一起移动链接图层中的内容，也可以对链接图层执行对齐与分布及合并图层等操作。

（13）"添加图层样式"按钮fx.：可以对当前图层中的对象添加各种效果。

（14）"添加图层蒙版"按钮▣：可以给当前图层添加蒙版。如果先在图像中创建适当的选区，再单击此按钮，则可以根据选区范围在当前图层上添加适当的图层蒙版。

（15）"创建新的填充或调整图层"按钮◕：可在当前图层上添加一个调整图层，对当前图层下面的图层进行色调、明暗等颜色效果的调整。

（16）"创建新组"按钮▢：可以在图层面板中创建一个新的序列，序列类似于文件夹，方便图层的管理和查询。

（17）"创建新图层"按钮⊞：可在当前图层上方创建新图层。

（18）"删除图层"按钮🗑：可将当前图层删除。

3．图层混合模式

图层面板中的混合模式设置非常重要，合理的设置有利于图层之间效果的展示。如

图 3-12 所示，图层混合模式包括以下几种形式。

- "正常"模式：编辑或绘制每像素，使其成为结果色，即利用该模式直接用目标图层的像素代替其下一图层的像素。如果将"不透明度"值设为 100%，则完全代替；如果"不透明度"值小于 100%，则底层图层的部分像素将会显露出来。

- "溶解"模式：编辑或绘制每像素，使其成为结果色。但是，根据任何像素位置的不透明度，结果色由基色或混合色的像素随机替换。

- "变暗"模式：查看每个通道中的颜色信息，并选择基色或混合色中较暗的颜色作为结果色。将替换比混合色亮的像素，而比混合色暗的像素则保持不变。

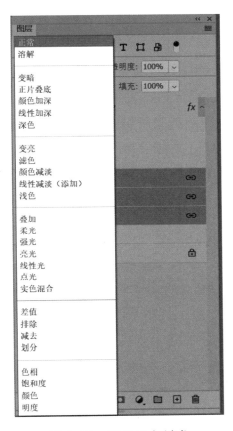

图 3-12　图层混合模式

- "正片叠底"模式：查看每个通道中的颜色信息，并将基色与混合色进行正片叠底。结果色总是较暗的颜色。任何颜色与黑色正片叠底都产生黑色，任何颜色与白色正片叠底都保持不变。当用黑色或白色以外的颜色绘图时，绘图工具绘制的连续描边颜色逐渐变暗。这与使用多支标记笔在图像上绘图的效果相似。

- "颜色加深"模式：查看每个通道中的颜色信息，并通过增加二者之间的对比度使基色变暗以反映出混合色。基色与白色混合后不发生变化。

- "线性加深"模式：查看每个通道中的颜色信息，并通过减小亮度使基色变暗以反映出混合色。基色与白色混合后不发生变化。

- "深色"模式：比较混合色和基色的所有通道值的总和并显示值较小的颜色。"深色"模式不会生成第三种颜色（可以通过"变暗"模式混合获得），因为它将从基色和混合色中选取最小的通道值来创建结果色。

- "变亮"模式：查看每个通道中的颜色信息，并选择基色或混合色中较亮的颜色作为结果色。比混合色暗的像素被替换，比混合色亮的像素则保持不变。

- "滤色"模式：查看每个通道中的颜色信息，并将混合色的互补色与基色进行正片叠底。结果色总是较亮的颜色。用黑色过滤时颜色保持不变。用白色过滤时将生成白色。此效果类似于多个摄影幻灯片在彼此之上投影。

- "颜色减淡"模式：查看每个通道中的颜色信息，并通过减小二者之间的对比度使基色变亮以反映出混合色。基色与黑色混合则不发生变化。

- "线性减淡（添加）"模式：查看每个通道中的颜色信息，并通过增加亮度使基色变亮以反映出混合色。基色与黑色混合则不发生变化。

- "浅色"模式：比较混合色和基色的所有通道值的总和并显示值较大的颜色。"浅色"模式不会生成第三种颜色（可以通过"变亮"模式混合获得），因为它将从基色和混合色中选取最大的通道值来创建结果色。

- "叠加"模式：对颜色进行正片叠底或过滤，具体取决于基色。图案或颜色在现有像素上叠加，同时保留基色的明暗对比。不替换基色，但基色与混合色相混以反映原色的亮度或暗度。

- "柔光"模式：使颜色变暗或变亮，具体取决于混合色。此效果与发散的聚光灯照在图像上相似。如果混合色（光源）比 50% 灰色亮，则图像变亮，就像被减淡了一样。如果混合色（光源）比 50% 灰色暗，则图像变暗，就像被加深了一样。使用纯黑色或纯白色上色，可以产生明显变暗或变亮的区域，但不能生成纯黑色或纯白色。

- "强光"模式：对颜色进行正片叠底或过滤，具体取决于混合色。此效果与耀眼的聚光灯照在图像上相似。如果混合色（光源）比 50% 灰色亮，则图像变亮，就像过滤后的效果。这对向图像中添加高光非常有用。如果混合色（光源）比 50% 灰色暗，则图像变暗，就像正片叠底后的效果。这对向图像中添加阴影非常有用。用纯黑色或纯白色上色会产生纯黑色或纯白色。

"叠加""柔光""强光"这 3 种模式都是将图层中的暗调颜色加倍变暗，但它们的侧重点不同，"叠加"模式倾向于合成像素，而"强光"模式偏向于分层的像素，"柔光"模式则只是相对而言的，可呈现对比度较低的效果。

- "亮光"模式：通过增大或减小对比度来加深或减淡颜色，具体取决于混合色。如果混合色（光源）比 50% 灰色亮，则通过减小对比度使图像变亮。如果混合色（光源）比 50% 灰色暗，则通过增大对比度使图像变暗。

- "线性光"模式：通过减小或增大亮度来加深或减淡颜色，具体取决于混合色。如果混合色（光源）比 50% 灰色亮，则通过增加亮度使图像变亮。如果混合色（光源）比 50% 灰色暗，则通过减小亮度使图像变暗。

- "点光"模式：根据混合色替换颜色。如果混合色（光源）比 50% 灰色亮，则替换比混合色暗的像素，而不改变比混合色亮的像素。如果混合色（光源）比 50% 灰色暗，则替换比混合色亮的像素，而比混合色暗的像素则保持不变。这对向图像中添加特殊效果非常有用。

- "实色混合"模式：将混合颜色的红色、绿色和蓝色通道值添加为基色的 RGB 值。如果通道的结果总和大于或等于 255，则值为 255；如果通道的结果总和小于 255，则值为 0。因此，所有混合像素的红色、绿色和蓝色通道值要么是 0，要么是 255。此模式会将所有像素更改为主要的加色（红色、绿色或蓝色）、白色或黑色。

- "差值"模式：查看每个通道中的颜色信息，并从基色中减去混合色，或从混合色中减去基色，具体取决于哪种颜色的亮度值更大。与白色混合将反转基色值；与黑色混合则不发生变化。

- "排除"模式：创建一种与"差值"模式相似但对比度更低的效果。与白色混合将反转基色值；与黑色混合则不发生变化。

- "减去"模式：查看每个通道中的颜色信息，并从基色中减去混合色。

- "划分"模式：查看每个通道中的颜色信息，并从基色中划分混合色。

- "色相"模式：用基色的明亮度和饱和度及混合色的色相创建结果色。

- "饱和度"模式：用基色的明亮度和色相及混合色的饱和度创建结果色。在无（0）饱和度（灰度）区域中用此模式绘画不会发生任何变化。

- "颜色"模式：用基色的明亮度及混合色的色相和饱和度创建结果色。这样可以保留图像中的灰阶，这对于给单色图像上色和给彩色图像着色都非常有用。

- "明度"模式：用基色的色相和饱和度及混合色的明亮度创建结果色。此模式创建与"颜色"模式相反的效果。

3.2.2 图层的创建方式

1. 利用菜单命令创建图层

执行"图层"→"新建"菜单命令，弹出如图 3-13 所示的菜单。其中：

（1）选择"图层"命令，系统将弹出如图 3-14 所示的"新建图层"对话框，可以对新建图层的颜色、模式和不透明度进行设置。

（2）选择"背景图层"命令，可以将背景图层（通常背景图层被锁定）改为普通图层，此时"背景图层"命令变为"图层背景"命令，反之则二者互换名称。

（3）选择"组"命令，将弹出如图 3-15 所示的对话框，在此对话框中可以新建一个图层组。

图 3-13　新建图层菜单

图 3-14　"新建图层"对话框

图 3-15　"新建组"对话框

（4）选择"从图层建立组"命令，则弹出与图 3-15 相同的对话框；而选择的图层或当前层及链接层自动生成图层组。

（5）选择"通过拷贝的图层"命令，可以将当前画面选区中的图像通过复制生成一个新的图层，且原画面不被破坏。

（6）选择"通过剪切的图层"命令，可以将当前画面选区中的图像通过剪切生成一个新的图层，且原画面被破坏。

2．利用快捷方式创建图层

单击图层面板下方的"创建新图层"按钮，可直接生成新的图层。

3．其他可以生成新图层的方式

（1）执行"拷贝"→"粘贴"命令可生成新的图层。

（2）执行"文件"→"置入"菜单命令可以将选择的图像作为"智能对象"置入当前文件中，且生成一个新的图层。

4．复制 / 删除图层

若要复制或删除某个图层，则在图层面板中右击该图层，在弹出的快捷菜单中选择"复制图层"或"删除图层"命令，在弹出的对话框中设置参数即可；或者将其拖动至图层面板底部的"创建新图层"或"删除图层"按钮上，同样可以完成上述操作。

图层复制可以在当前文件中进行，也可以在不同文件之间进行。单击要复制的图层，按住鼠标左键将其拖动至目标文件中，松开鼠标左键即可完成复制并生成新的图层。

当将图层复制到另外的文件中时，如果两个文件的分辨率不同，那么复制的图层视觉效果也会不同。

3.2.3　图层的叠放顺序

图层的叠放顺序对作品的效果有着直接的影响，因此在作品创作过程中，必须合理调整图层之间的叠放顺序。其方法有两种：

（1）调整某个图层的顺序，只需将鼠标光标移至图层调板中该图层所在位置，然后按住鼠标左键将其拖动至另一图层的上面或下面位置即可。

（2）如果选择多个图层，则可按住 Shift 键单击首尾图层或按住 Ctrl 键依次单击要选择的图层，然后调整上下位置关系。

3.2.4　链接图层 / 取消链接图层

当选择两个或两个以上的图层时，如图 3-16 所示，执行"图层"→"链接图层"菜单命令，或单击图层面板底部的"链接图层"按钮，可链接选择的图层；如果同时选择链接图层中的所有图层，执行"图层"→"取消链接图层"菜单命令，或单击图层面板底部的"链接图层"按钮，则将取消图层的链接设置。

如果要解除链接图层中的某一层,则单击图层面板底部的"链接图层"按钮即可达到目的。

与同时选定的多个图层不同，链接的图层将保持关联，直至取消它们的链接设置为止。可以对链接图层进行移动或应用变换。

图 3-16　链接图层

3.2.5　合并图层

在进行设计时，许多图形分布在不同的图层上，对于一部分已经完成且不需要修改的图像就可以把它们合并在一起，这样有利于对图层的管理，也可以减少文件的信息量。合并后的图层中所有透明区域的重叠部分仍保持透明。由于选择的图层不同，菜单中的合并命令会有所变化，如图 3-17 所示。

图 3-17　合并图层命令

① 如果合并全部图层，则可执行菜单中的"拼合图像"命令。

② 如果合并其中几个图层，则可执行菜单中的"合并图层"命令。

③ 如果将不需要合并的图层隐藏，则可执行菜单中的"合并可见图层"命令。

④ 如果将当前层与下面图层合并，则只需选择当前层，然后执行菜单中的"向下合并"命令即可。

3.2.6　排列、对齐与分布图层

单击"图层"菜单，在其下拉菜单中包含"排列""对齐""分布"命令。该组命令适合以当前层为依据，将与当前层同时选取的或链接的图层进行排列、对齐与分布操作（同时也可以是选区对象与图层之间的关系调整）。

"排列"命令：主要对图层顺序进行合理调整，包括"置为顶层""前移一层""后移一层""置为底层""反向"命令。

"对齐"命令：当图层面板中至少有 2 个图层被同时选择，且背景层不处于链接状态时，图层的"对齐"命令方可使用。执行"图层"→"对齐"菜单命令，在弹出的快捷菜单中选择要执行的命令即可，如图 3-18 所示。

"分布"命令：当图层面板中至少有 3 个图层被同时选择，且背景层不处于链接状态时，图层的"分布"命令方可使用。执行"图层"→"分布"菜单命令，在弹出的快捷菜单中选择要执行的命令即可，如图 3-19 所示。

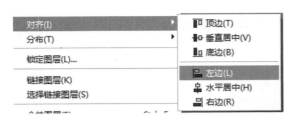

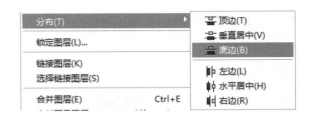

图 3-18　"对齐"菜单　　　　　　　　　　　图 3-19　"分布"菜单

3.2.7　图层样式

执行"图层"→"图层样式"→"混合选项"菜单命令，弹出如图 3-20 所示的"图层样式"对话框，其中包含投影、内阴影、外发光、内发光、斜面和浮雕、光泽、颜色叠加、渐变叠加、图案叠加、描边等样式。这些图层样式可以独立使用，也可以混合使用。合理搭配使用这些样式可以创造出千变万化的效果。

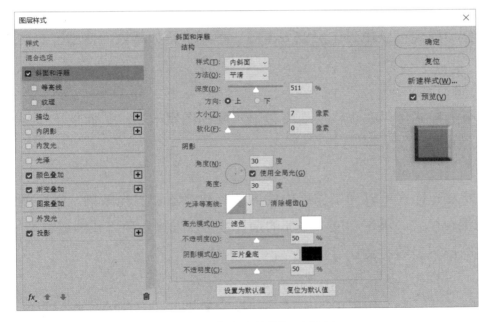

图 3-20　"图层样式"对话框

1）斜面和浮雕

通过设置斜面和浮雕样式可以使工作层中的图像或文字产生各种样式的斜面和浮雕效果。同时选择"纹理"选项，然后在"图案"选项中选择应用于浮雕效果的图案，还可以使图形产生各种纹理效果。

2）描边

通过设置描边样式可以为工作层中的内容添加描边效果，描边的边缘可以是一种颜色、渐变色或图案。

3）内阴影

通过设置内阴影样式可以为工作层中的图像边缘向内添加阴影，从而使图像产生凹陷的效果。在右侧的参数设置区中设置阴影的颜色、混合模式、不透明度、光源照射角度、距离和大小等参数。

4）内发光

内发光样式与外发光样式相似，只是此样式可以在图像边缘的内部产生发光效果。

5）光泽

通过设置光泽样式可以根据工作层中图像的形状应用各种光影效果，从而使图像产生平滑过渡的光泽效果。在右侧的参数设置区中设置光泽的颜色、混合模式、不透明度、光线角度、距离和大小等参数。

6）颜色叠加

使用颜色叠加样式可以在工作层上方覆盖一种颜色，并通过设置不同颜色、混合模式和不透明度使图像产生类似于纯色填充层的特殊效果。

7）渐变叠加

使用渐变叠加样式可以在工作层上方覆盖一种渐变叠加颜色，使图像产生渐变填充层的效果。

8）图案叠加

使用图案叠加样式可以在工作层上方覆盖不同的图案效果，从而使工作层中的图像产生填充层的特殊效果。

9）外发光

通过设置外发光样式可以为工作层中的图像外边缘添加发光效果。在右侧的参数设置区中设置发光的混合模式、不透明度、添加的杂色数量、发光颜色（或渐变色）、外发光的扩散程度、大小和品质等参数。

10）投影

使用投影样式可以为工作层中的图像添加投影效果。在右侧的参数设置区中设置投影的颜色、与上下层图像的混合模式、不透明度、是否使用全局光、光线的投影角度、投影与图像的距离、投影的扩散程度和投影大小等参数，并可以设置投影的等高线样式和杂色数量。

"预览"复选框也是十分重要的，用户在使用时要注意勾选该复选框，从而便于一边调整参数值，一边观察效果。

1. 复制和删除图层样式

为图层添加图层样式后，生成的效果层会自动与图层内容链接。当移动或编辑图层内容时，图层效果也随之变化。同样，图像中已有的图层样式可以复制到其他图层中，或删除已有的图层样式。

1）复制图层样式

在图层面板中选择要复制图层样式的图层，执行"图层"→"图层样式"→"拷贝图层样式"

菜单命令，然后选择要粘贴图层样式的图层，执行"图层"→"图层样式"→"粘贴图层样式"菜单命令即可；或在要复制图层样式的图层上右击，在弹出的快捷菜单中选择相应的命令。

2）删除图层样式

在图层面板中选择要删除图层样式的图层，执行"图层"→"图层样式"→"清除图层样式"菜单命令；或在要删除图层样式的图层上右击，在弹出的快捷菜单中选择相应的命令。

2. 将图层样式转换为图层

选择要转换的图层，执行"图层"→"图层样式"→"创建图层"菜单命令，即可将图层样式分别分离出来并以普通图层的形式独立存在。

3. 缩放图层样式效果

对应用了图层样式的图像改变文件大小后，其图层样式设置的参数不会因为图像大小的变化而改变，这样很容易使制作后的图像失去理想效果。而利用"缩放效果"命令就可以对其进行修正。选择要缩放效果的图层，执行"图层"→"图层样式"→"缩放效果"菜单命令，在弹出的对话框中设置缩放参数即可。

✈ 范例操作——图层的应用

（1）打开荷花图片素材，如图3-21所示。

（2）执行"图像"→"调整"→"亮度/对比度"菜单命令，在弹出的对话框中设置如图3-22所示的参数，单击"确定"按钮，效果如图3-23所示。

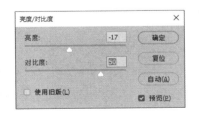

图3-21 打开荷花图片素材　　图3-22 "亮度/对比度"对话框　　图3-23 调整后的效果

（3）如图3-24所示，在图层面板中，复制"背景"图层为"背景 拷贝"图层。

（4）执行"滤镜"→"滤镜库"→"艺术效果"→"水彩"菜单命令，设置如图3-25所示的参数，单击"确定"按钮，效果如图3-26所示。

（5）如图3-27所示，在图层面板中，复制"背景 拷贝"图层为"背景 拷贝2"图层。

图 3-24　复制图层 1　　　　　　　　　　图 3-25　设置水彩参数

图 3-26　设置水彩参数后的效果　　　　　　图 3-27　复制图层 2

（6）执行"滤镜"→"风格化"→"查找边缘"菜单命令，效果如图 3-28 所示。

（7）如图 3-29 所示，在图层面板中，复制"背景 拷贝"图层为"背景 拷贝 3"图层，同时关闭"背景 拷贝 2"图层的"眼睛"，以"背景 拷贝 3"图层为当前选择层。

图 3-28　执行"查找边缘"菜单命令后的效果　　　图 3-29　复制及关闭图层

（8）执行"图像"→"调整"→"去色"菜单命令，效果如图 3-30 所示。

（9）执行"图像"→"调整"→"曲线"菜单命令，在弹出的对话框中调整曲线，如图 3-31 所示，单击"确定"按钮，效果如图 3-32 所示。

（10）在图层面板中，调整不透明度为"50%"，如图 3-33 所示。

图 3-30 去色后的效果

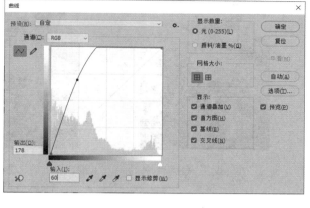

图 3-31 调整曲线参数

图 3-32 调整曲线参数后的效果

图 3-33 调整不透明度参数

（11）以"背景 拷贝 2"图层为当前选择层，如图 3-34 所示，打开"眼睛"，选择图层混合模式为"叠加"，效果如图 3-35 所示。

图 3-34 选择图层混合模式

图 3-35 叠加后的效果

（12）为突出荷花的局部效果，激活工具箱中的橡皮擦工具，如图 3-36 所示，在其相应的属性栏中设置笔头大小与不透明度。在画面中的两朵荷花的花瓣位置反复擦拭（分图层擦拭，分别擦拭"背景 拷贝 2"和"背景 拷贝 3"两个图层），直到露出自然的本色为止，荷花的水墨淡彩效果制作完成，如图 3-37 所示。此时，图层面板如图 3-38 所示。

图 3-36　设置属性栏中的参数

图 3-37　使用橡皮擦工具擦拭后的效果

图 3-38　图层面板

3.2.8　智能对象

使用"置入"命令置入的图像，会出现在当前图像文件的中央位置，并且保持其原始长宽比例；如果图片比当前图像大，则将被重新调整到合适的尺寸。另外，在确认置入的图像前，还可以对其进行移动、缩放、旋转或倾斜操作，以满足设计需要。

智能对象实际上是一个嵌入在另一个文件中的文件，当在图层面板中将一个或多个图层创建为智能对象时，实际上相当于创建了一个嵌入在当前文件中的新文件。

通过"置入"命令置入图像生成的图层为智能图层，即允许用户编辑其源文件。执行"图层"→"智能对象"→"编辑内容"菜单命令，源文件将会在 Photoshop（如果源文件是位图图像）或 Illustrator（如果源文件是矢量 PDF 或 EPS 数据）中打开，在更新并存储源文件后，编辑结果将会显示在当前的图像文件中。另外，当执行"图层"→"智能对象"→"转换到图层"菜单命令后，智能对象将转换为普通图层，此时将不能直接对图像的源文件进行编辑。

1. 创建智能图层的方法

（1）在图层面板中选择某个图层，执行"图层"→"智能对象"→"转换为智能对象"菜单命令，在图层面板中会显示智能对象图层的缩略图。如果同时选择多个图层，并执行"转换为智能对象"命令，则这些图层会被打包到一个智能图层中。

（2）将图片从 Adobe Illustrator 中复制并粘贴到 Photoshop 文件中。使用此方法时要注意，在 Adobe Illustrator 中执行"编辑"→"参数设置"→"文件和剪贴板"菜单命令后，在弹出的对话框中要勾选"PDF"和"AICB"两个复选框，否则将图片粘贴到 Photoshop 中时，会将其自动栅格化。

（3）将图片从 Adobe Illustrator 中直接拖动到 Photoshop 文件中。

对智能对象可以应用变换、图层样式、滤镜、不透明度和混合模式等任意命令操作，当编辑智能对象的源数据后，可以将这些编辑操作更新到智能对象图层中。如果当前智能对象是一个包含多个图层的复合智能对象，那么这些编辑操作可以更新到智能对象的每个图层中。

2．导出内容

执行"图层"→"智能对象"→"导出内容"菜单命令，可以将智能对象的内容完全按照源图片所具有的属性进行存储，其存储格式有 PSB、PDF 和 JPG 等。注意，由于源图像的性质不同，执行此命令后弹出的存储格式也各不相同。

3．替换内容

执行"图层"→"智能对象"→"替换内容"菜单命令，可以将当前选择的智能对象中的内容替换成新的内容。

确认转换为智能对象的图层为当前层，执行"图层"→"智能对象"→"替换内容"菜单命令（也可以右击），在弹出的"置入"对话框中选择替换文件，单击"确定"按钮，即可替换智能对象图层中的图像。按 Ctrl+T 组合键，利用"自由变换"命令调整图像的大小。

3.2.9　文字工具

文字的运用是平面设计中非常重要的表达形式。在许多设计作品中往往需要使用文字说明来表达主题，并将文字加以变形，从而丰富版面、突出创作主题。其应用范围涉猎多个领域：广告设计、印刷设计、包装装潢设计、多媒体及网页设计等。

文字工具组中有 2 种文字工具：横排文字工具 **T** 和直排文字工具 **↓T**，分别用于输入水平与垂直文字。

利用文字工具输入的文字具有两种属性：艺术字和段落文本。艺术字适合在文字数量较少的画面中使用，或需要制作特殊效果的文字；当作品中使用大量的文字时，应该利用段落文本输入文字。

1．文字输入

1）输入艺术字

当利用文字工具输入艺术字时，输入的文字独立成行，行的长度随着文字的不断输入而增加，只有在按 Enter 键强制回车时，才能切换到下一行输入文字。

激活文字工具，选择横排或直排，在文件中单击，鼠标光标显示为插入符，然后选择必要的输入法输入文字即可。

2）输入段落文本

激活文字工具，选择横排或直排，在文件中单击并按住鼠标左键拖曳，形成虚拟的矩形文本框，然后选择必要的输入法输入文字即可。当文字输入至文本框边缘时将自动换行，直至按 Enter 键强制回车另起段落为止。

当输入的文字较多而文本框无法容纳时，在文本框的右下角会出现溢出符号，此时可以通过拖曳文本框周围的控制点改变文本框的大小，或通过改变字体的大小以实现文本与文本框相匹配，如图 3-39 所示。

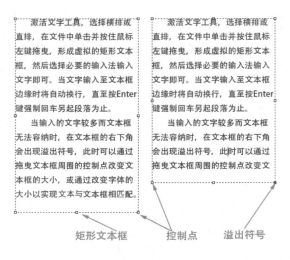

矩形文本框　　控制点　　溢出符号

图 3-39　段落文本

2．文字工具属性栏

激活文字工具，其属性栏如图 3-40 所示。

图 3-40　文字工具属性栏

（1）"改变文本方向"按钮：单击此按钮，可以将水平与垂直方向的文本互换。

（2）"设置字体系列"下拉列表：此下拉列表中的字体用于设置输入文字的字体；也可以选择输入的字体后在此重新设置。

（3）"设置字体样式"下拉列表：此下拉列表中的选项用于决定输入文字的字体样式，包括 Regular（规则）、Italic（斜体）、Bold（粗体）、Bold Italic（粗斜体）4 种字体样式。此下拉列表只在选择英文字体时可用。

（4）"设置字体大小"下拉列表：用于设置或改变字号大小。

（5）"设置消除锯齿的方法"下拉列表：决定文字边缘消除锯齿的方式，包括"无""锐利""犀利""浑厚""平滑" 5 种方式。

（6）"对齐方式"按钮：当使用横排文字工具输入文字时，对齐方式显示为，分别表示"左对齐""水平居中对齐""右对齐"；当使用直排文字工具输入文字时，对齐方式显示为，分别表示"顶对齐""垂直居中对齐""底对齐"。

（7）"设置文本颜色"色块：单击此色块，在弹出的对话框中选择必要的颜色。

（8）"创建文字变形"按钮：单击此按钮，在弹出的对话框中可以设置文字的变形效果，如图 3-41 所示。

（9）"切换字符和段落面板"按钮：单击此按钮，可显示或隐藏"字符"和"段落"面板。

3."字符"面板

执行"窗口"→"字符"菜单命令或单击文字工具属性栏中的 按钮,弹出如图3-42所示的"字符"面板。

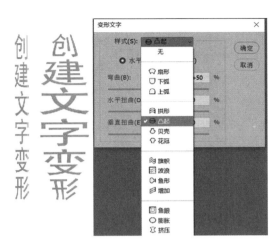

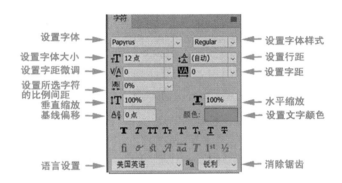

图 3-41　设置文字的变形效果　　　　　　图 3-42　"字符"面板

同属性栏一样,在"字符"面板中也可以设置字体、字号和颜色等,但其主要用来设置字距、行距和基线偏移等参数。

(1)"设置字距微调"参数:设置相邻两个字符间的距离。在设置此参数时不需要选择字符,只需在字符间单击以指定插入点,再设置相应的参数即可。

(2)"基线偏移"参数:设置文字由基线位置向上或向下偏移的高度。在文本框中输入正值,可使横排文字向上偏移,直排文字向右偏移;输入负值,可使横排文字向下偏移,直排文字向左偏移。

"字符"面板中各按钮的含义如下,激活不同按钮时产生的文字效果不同。

(1)"仿粗体"按钮 **T**:可以将当前选择的文字加粗显示。

(2)"仿斜体"按钮 *T*:可以将当前选择的文字倾斜显示。

(3)"全部大写字母"按钮 **TT**:可以将当前选择的小写字母变为大写字母。

(4)"小型大写字母"按钮 **Tr**:可以将当前选择的字母变为小型大写字母。

(5)"上标"按钮 **T¹**:可以将当前选择的文字变为上标显示。

(6)"下标"按钮 **T₁**:可以将当前选择的文字变为下标显示。

(7)"下画线"按钮 **T**:可以在当前选择的文字下方添加下画线。

(8)"删除线"按钮 **T**:可以在当前选择的文字中间添加删除线。

4."段落"面板

"段落"面板的主要功能是设置文字对齐方式及缩进量。当选择横向文本时,"段落"面板如图3-43所示。

（1）██ ██ ██按钮：用于设置横向文本的对齐方式，如左对齐、居中对齐和右对齐。

（2）██ ██ ██ ██按钮：只有在图像文件中选择段落文本时，这4个按钮才可使用。其主要功能是调整段落中最后一行的对齐方式，分别为左对齐、居中对齐、右对齐和两端对齐。

当选择竖向文本时，"段落"面板如图3-44所示。

图3-43 "段落"面板（横向文本）

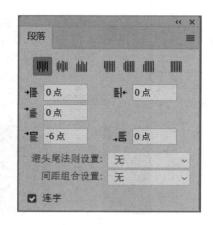

图3-44 "段落"面板（竖向文本）

（1）██ ██ ██按钮：用于设置竖向文本的对齐方式，如顶对齐、居中对齐和底对齐。

（2）██ ██ ██ ██按钮：只有在图像文件中选择段落文本时，这4个按钮才可使用。其主要功能是调整段落中最后一行的对齐方式，分别为顶对齐、居中对齐、底对齐和两端对齐。

（3）"左缩进"按钮██：用于设置段落左侧的缩进量。

（4）"右缩进"按钮██：用于设置段落右侧的缩进量。

（5）"首行缩进"按钮██：用于设置段落第一行的缩进量。

（6）"段落前添加空格"按钮██：用于设置每段文本与前一段文本的距离。

（7）"段落后添加空格"按钮██：用于设置每段文本与后一段文本的距离。

（8）"避头尾法则设置"和"间距组合设置"选项：用于编排日语字符。

（9）"连字"复选框：勾选此复选框后，允许使用连字符连接单词。

5. 文字转换

文字在输入时独立存在于文字层中，根据设计需要，常常需要对文字进行转换，包括艺术字与段落文本的转换、文字层转换为普通层、文字轮廓与工作路径或形状层的转换等。

1）艺术字与段落文本的转换

确认要转换的文字层为当前层，执行"图层"→"文字"→"转换为形状字"或"转换为段落文本"菜单命令，即可完成文字的转换操作。

2）文字层转换为普通层

确认要转换的文字层为当前层，执行"图层"→"栅格化"→"文字"菜单命令，即可将其转换为普通层；或右击当前层，在弹出的快捷菜单中选择"栅格化文字"命令即可。

3.3 实例解析

3.3.1 钻石字体设计案例

（1）新建文件，设置宽为 20cm、高为 10cm、分辨率为 72 像素 / 英寸。将前景色设置为 80% 灰色，激活工具箱中的油漆桶填充工具，将底色填充为灰色，效果如图 3-45 所示。

（2）激活工具箱中的横排文字工具，在文件中输入英文文字（具体内容可自拟），在属性栏中选择合适的字体（推荐选择带有神秘感、有一定装饰性的字体），调整文字大小与位置，效果如图 3-46 所示。

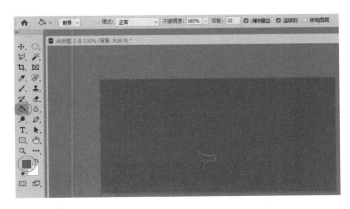

图 3-45　新建文件

图 3-46　输入文本并进行调整

（3）打开图层面板，在文字层上右击，在弹出的快捷菜单中选择"栅格化文字"选项，如图 3-47 所示，将文字层栅格为普通层。

（4）在图层面板中，单击下方的"添加图层样式"按钮，如图 3-48 所示，在弹出的菜单中选择"内阴影"选项，在弹出的对话框中设置如图 3-49 所示的参数，单击"确定"按钮，效果如图 3-50 所示。

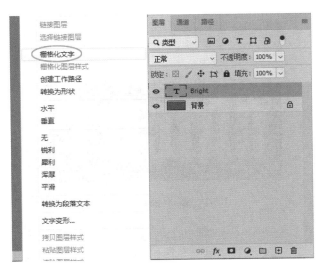

图 3-47　选择"栅格化文字"选项

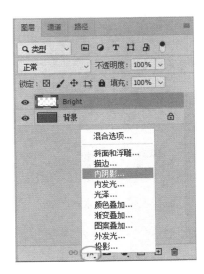

图 3-48　选择图层样式

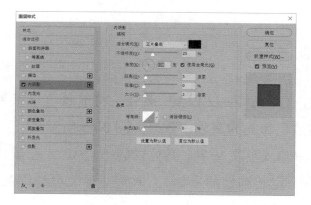

图 3-49　设置内阴影参数

图 3-50　添加内阴影后的效果

（5）在"图层样式"对话框中继续添加"斜面和浮雕"效果，设置如图 3-51 所示的参数，单击"确定"按钮，效果如图 3-52 所示。

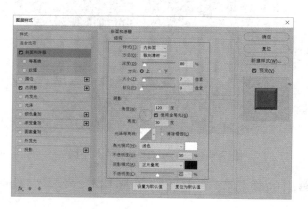

图 3-51　设置斜面和浮雕参数 1

图 3-52　添加斜面和浮雕后的效果

（6）在"图层样式"对话框中继续添加"描边"效果，设置如图 3-53 所示的参数，单击"确定"按钮，效果如图 3-54 所示。

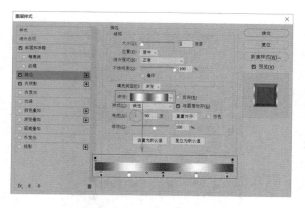

图 3-53　设置描边参数

图 3-54　添加描边后的效果

（7）执行"选择"→"载入选区"菜单命令。如图 3-55 所示，继续执行"选择"→"修改"→"收缩"菜单命令，在弹出的对话框中设置收缩参数值为 2 像素，单击"确定"按钮，效果如图 3-56 所示。

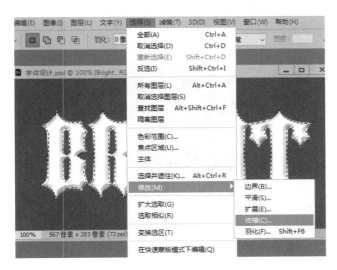

图 3-55　执行收缩选区命令

图 3-56　选区收缩效果

（8）保持选区的存在。在图层面板中，新建图层并命名为"钻石"，如图 3-57 所示。

（9）设置前景色为黑色，背景色为白色，执行"滤镜"→"渲染"→"云彩"菜单命令，效果如图 3-58 所示（云彩的肌理效果是随机产生的，如果对效果不满意，则可再次执行云彩滤镜，直到效果满意为止）。

图 3-57　新建图层

图 3-58　云彩效果

（10）此时可以观察到字体颜色比较暗,可适当调整一下亮度。执行"图像"→"调整"→"亮度/对比度"菜单命令，设置如图 3-59 所示的参数，单击"确定"按钮，效果如图 3-60 所示。

图 3-59　"亮度/对比度"对话框

图 3-60　调整亮度后的效果

（11）执行"滤镜"→"滤镜库"→"扭曲"→"玻璃"菜单命令，在弹出的对话框中设置如图 3-61 所示的参数，单击"确定"按钮，效果如图 3-62 所示。

图 3-61　设置玻璃参数

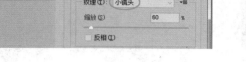

图 3-62　调整后的效果

（12）取消选区。如图 3-63 所示，关闭图层面板中的"钻石"图层，以文字层为当前层并栅格化该图层。

（13）执行"选择"→"载入选区"菜单命令。如图 3-64 所示，单击图层面板下方的"创建新的填充或调整图层"按钮，在弹出的菜单中选择"色相／饱和度"选项，设置如图 3-65 所示的参数，效果如图 3-66 所示。

图 3-63　关闭"钻石"图层

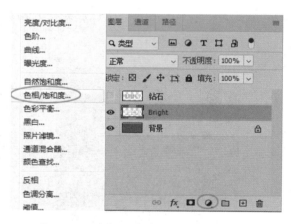

图 3-64　选择"色相／饱和度"选项

图 3-65　调整色相／饱和度参数

图 3-66　调整色相／饱和度后的效果 1

（14）在"图层样式"对话框中，添加"投影"效果，设置如图 3-67 所示的参数，单击"确定"按钮，效果如图 3-68 所示。

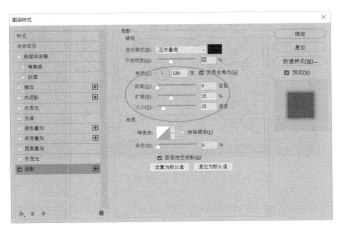

图 3-67　设置投影参数 1

图 3-68　添加投影后的效果 1

（15）在图层面板中，在背景层的上方新建"图层 1"图层，如图 3-69 所示。激活工具箱中的矩形选框工具，绘制如图 3-70 所示的选区。

图 3-69　新建"图层 1"图层

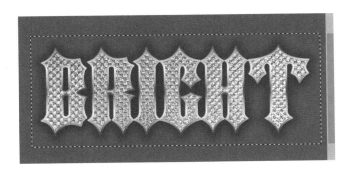

图 3-70　绘制选区

（16）执行"编辑"→"填充"菜单命令，在弹出的"填充"对话框中填充图案（图案可根据自己的设计意图自由选择或添加），单击"确定"按钮，如图 3-71 所示。

（17）激活工具箱中的椭圆选框工具，按住 Shift 键绘制正圆选区，其大小和位置如图 3-72 所示。

图 3-71　"填充"对话框

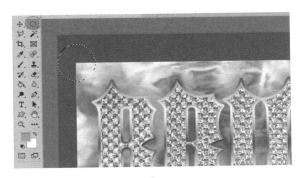

图 3-72　绘制正圆选区

（18）按 Delete 键删除选区内容，效果如图 3-73 所示。移动选区到另外 3 个角，并依次删除选区内容，效果如图 3-74 所示。

图 3-73　删除选区内容

图 3-74　删除选区内容后的效果

（19）取消选区。在图层面板中，单击下方的"添加图层样式"按钮，在弹出的菜单中选择"斜面和浮雕"选项，在弹出的对话框中设置如图 3-75 和图 3-76 所示的参数，单击"确定"按钮，效果如图 3-77 所示。

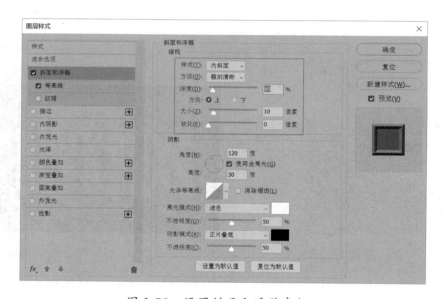

图 3-75　设置斜面和浮雕参数 2

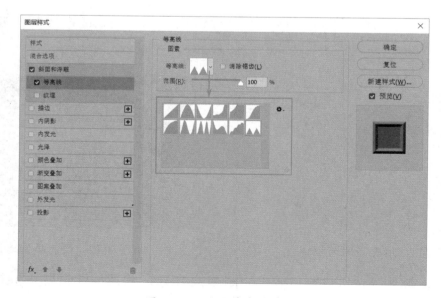

图 3-76　设置等高线参数

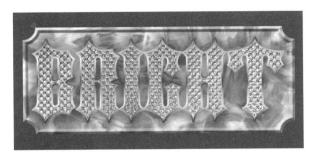

图 3-77　设置完成后的效果

（20）执行"图像"→"调整"→"色相 / 饱和度"菜单命令，在弹出的对话框中设置如图 3-78 所示的参数，单击"确定"按钮，效果如图 3-79 所示。

图 3-78　"色相 / 饱和度"对话框

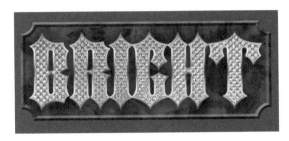

图 3-79　调整色相 / 饱和度后的效果 2

（21）如果感觉色彩和肌理效果不太满意，则可以调整亮度 / 对比度参数，如图 3-80 所示，效果如图 3-81 所示。

图 3-80　调整亮度 / 对比度参数

图 3-81　调整亮度 / 对比度后的效果

（22）以"图层 1"图层为当前选择层，同样添加图层样式，设置如图 3-82 所示的投影参数，效果如图 3-83 所示，字体设计部分完成。

（23）下面为字体添加星星闪亮的效果。新建文件（或新建图层皆可），大小为宽 5cm、高 5cm、分辨率 72 像素 / 英寸。新建图层，激活工具箱中的多边形套索工具，在其相应的属性栏中，设置羽化值为 1 像素，在画面中绘制一个菱形选区，如图 3-84 所示，然后填充黑色，效果如图 3-85 所示。

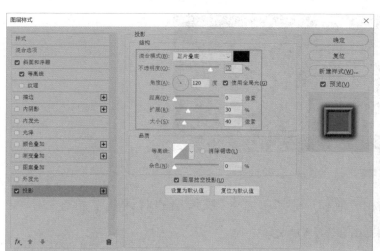

图 3-82 设置投影参数 2　　　　　　　　图 3-83 添加投影后的效果 2

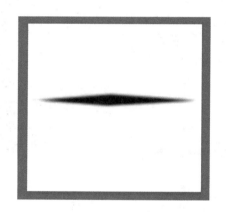

图 3-84 绘制菱形选区　　　　　　　　图 3-85 填充黑色后的效果

（24）复制该图层并旋转 90°，调整位置，使二者中心重合，完成星星形态的制作，效果如图 3-86 所示。

（25）激活工具箱中的画笔工具，在其相应的属性栏中，选择软笔头，设置笔头大小为 60 像素左右，不透明度为 20%，在星星的中心位置绘制隐约形态，效果如图 3-87 所示。

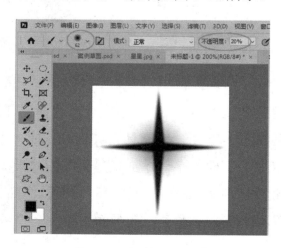

图 3-86 星星形态　　　　　　　　　图 3-87 绘制隐约形态

（26）执行"编辑"→"定义画笔预设"菜单命令，在弹出的对话框中，设置名称为"星星"，单击"确定"按钮，如图3-88所示。

图3-88　设置图案名称

（27）在图层面板中，在"钻石"图层上方新建图层，并命名为"星星"，如图3-89所示。

（28）激活工具箱中的画笔工具，在其相应的属性栏中，选择刚刚设置的星星笔头，将不透明度设置为20%左右，如图3-90所示。

图3-89　新建"星星"图层

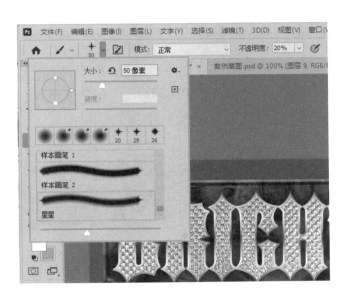

图3-90　选择画笔形状

（29）设置前景色为白色，在文字的几个位置绘制星星效果，为了自然，可以设置不同大小的笔头及不透明度，效果如图3-91所示，钻石字体设计完成。

图3-91　绘制星星效果

3.3.2　肌理字体设计案例

（1）新建文件，其参数设置如图3-92所示。

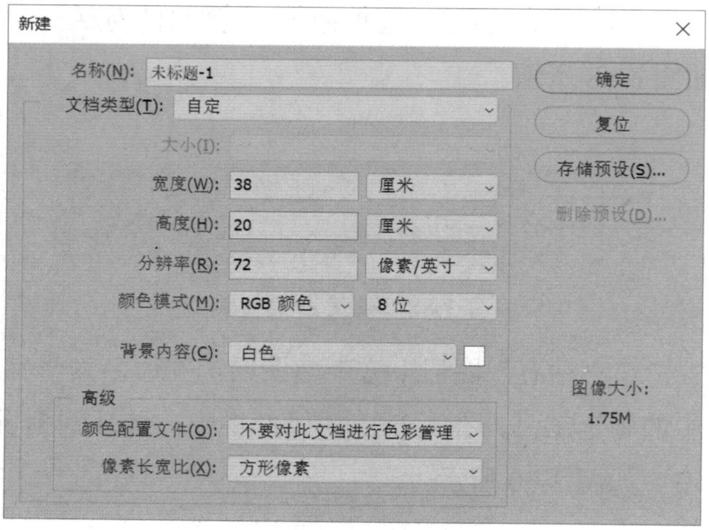

图 3-92　新建文件 1

（2）设置前景色为灰色（C：46、M：38、Y：35、K：0），激活工具箱中的横排文字工具，在画面中输入文字"PHOTO"，如图 3-93 所示，选择恰当的字体、字号（如果没有这种字体，则可以选择字库中的相似字体）。

图 3-93　输入文字

（3）执行"文字"→"栅格化文字图层"菜单命令，将文字层转换为普通图层。

（4）在图层面板中，复制"PHOTO"图层为"PHOTO 拷贝"图层，关闭"PHOTO 拷贝"图层的"眼睛"，以"PHOTO"图层为当前选择层，此时图层面板如图 3-94 所示。

（5）激活工具箱中的多边形套索工具，在如图 3-95 所示的位置绘制一个选区。按 Delete 键删除选区内容，效果如图 3-96 所示。

（6）使用相同的方法，依次将相应部分删除，效果如图 3-97 所示。

图 3-94 复制图层后的图层面板

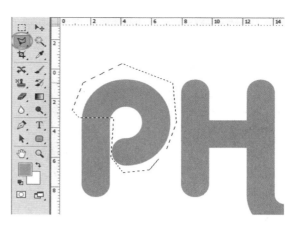

图 3-95 绘制选区 1

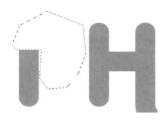

图 3-96 删除选区内容

图 3-97 删除选区内容后的效果

（7）在图层面板中，关闭"PHOTO"图层的"眼睛"，打开"PHOTO 拷贝"图层的"眼睛"，并以"PHOTO 拷贝"图层为当前选择层，如图 3-98 所示。

（8）激活工具箱中的矩形选框工具，在如图 3-99 所示的位置绘制选区并删除选区内容。

图 3-98 切换当前选择层

图 3-99 绘制选区并删除选区内容

（9）激活工具箱中的椭圆选框工具，按住 Shift 键在如图 3-100 所示的位置绘制一个正圆选区。

（10）激活工具箱中的油漆桶填充工具，填充同样的灰色，效果如图 3-101 所示。

（11）新建"图层 1"图层，如图 3-102 所示。激活工具箱中的圆角矩形工具，在其相应的属性栏中，设置工具模式为"路径"，半径为 25 像素，在如图 3-103 所示的位置绘制一个圆角矩形。

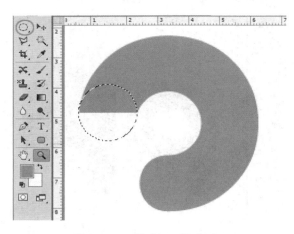

图 3-100　绘制正圆选区 1

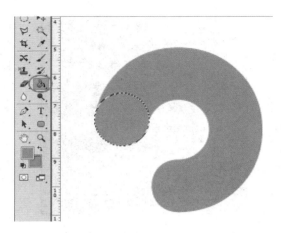

图 3-101　填充选区

图 3-102　新建图层

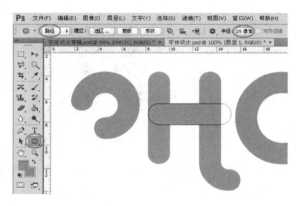

图 3-103　绘制圆角矩形 1

（12）在路径面板中，单击下方的"将路径作为选区载入"按钮，如图 3-104 所示，将路径转换为选区，然后填充相同的灰色，效果如图 3-105 所示（注意，填充后灰色笔画应与其他笔画粗细一致）。

图 3-104　载入选区

图 3-105　填充灰色

（13）在图层面板中，以"PHOTO 拷贝"图层为当前选择层。激活工具箱中的多边形套索工具，选取多余的部分并进行删除，效果如图 3-106 所示。

（14）在图层面板中，将"图层 1"图层与"PHOTO 拷贝"图层合并，此时图层面板如图 3-107 所示，合并图层后的效果如图 3-108 所示。

（15）打开素材文件"木纹"，如图 3-109 所示。

（16）执行"编辑"→"定义图案"菜单命令，在弹出的对话框中，设置名称为"木纹1"，单击"确定"按钮，如图3-110所示。

图3-106　删除多余的部分　图3-107　合并图层后的图层面板　图3-108　合并图层后的效果

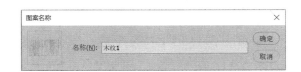

图3-109　木纹素材　　　　　　　　　　图3-110　定义图案1

（17）执行"图像"→"调整"→"曲线"菜单命令，在弹出的对话框中调整曲线，单击"确定"按钮，如图3-111所示。

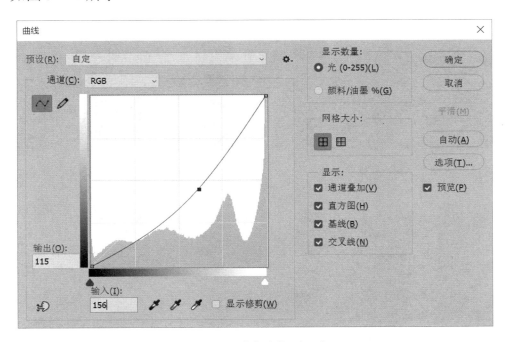

图3-111　"曲线"对话框

（18）执行"图像"→"调整"→"色相/饱和度"菜单命令，在弹出的对话框中调整参数，设置饱和度为-20，单击"确定"按钮，如图3-112所示，效果如图3-113所示。

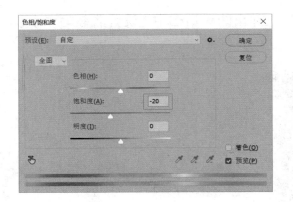

图 3-112 "色相/饱和度"对话框

图 3-113 调整色相/饱和度后的效果

（19）执行"编辑"→"定义图案"菜单命令，在弹出的对话框中，设置名称为"木纹 2"，单击"确定"按钮，如图 3-114 所示。

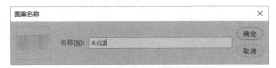

图 3-114 定义图案 2

（20）关闭"木纹"文件，切换回"字体设计"文件。在图层面板中，单击下方的"添加图层样式"按钮，在弹出的菜单中选择"斜面和浮雕"选项，在弹出的对话框中设置如图 3-115 所示的参数；在"图案叠加"样式面板中，图案选择"木纹 1"，其他参数设置如图 3-116 所示；在"投影"样式面板中，设置如图 3-117 所示的参数，单击"确定"按钮，效果如图 3-118 所示。

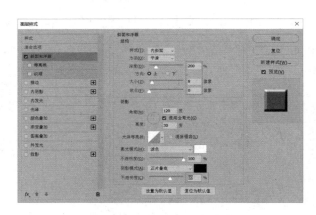

图 3-115 设置斜面和浮雕参数 1

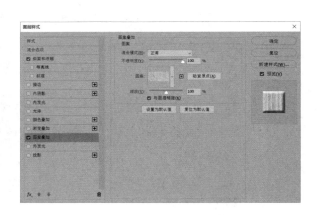

图 3-116 设置图案叠加参数 1

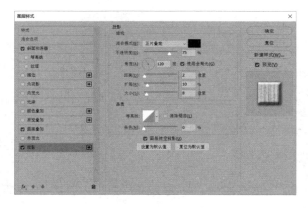

图 3-117 设置投影参数 1

图 3-118 添加图层样式后的效果 1

（21）添加图层样式后的图层面板如图 3-119 所示。

（22）以"PHOTO 拷贝"图层为当前选择层，右击，在弹出的快捷菜单中选择"拷贝图层样式"选项，如图 3-120 所示。

图 3-119　添加图层样式后的图层面板　　　　图 3-120　选择"拷贝图层样式"选项

（23）以"PHOTO"图层为当前选择层，右击，在弹出的快捷菜单中选择"粘贴图层样式"选项，此时图层面板如图 3-121 所示。

（24）在拷贝图层样式后的"PHOTO"图层上双击，弹出如图 3-122 所示的对话框，将"图案叠加"样式面板中的图案改为"木纹 2"，单击"确定"按钮，效果如图 3-123 所示。

（25）下面继续制作装饰性的"钉子"效果。新建文件，设置如图 3-124 所示的参数。

（26）在图层面板中新建"图层 1"图层，并以"图层 1"图层为当前选择层，如图 3-125 所示。

图 3-121　完成图层样式拷贝后的图层面板

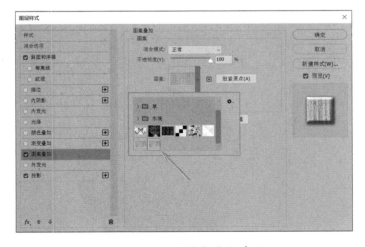

图 3-122　设置图案叠加参数 2

图 3-123　图案叠加效果

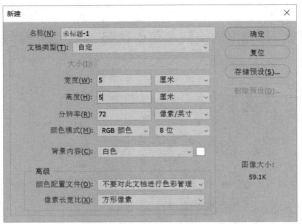

图 3-124　新建文件 2

图 3-125　新建"图层 1"图层

（27）激活工具箱中的椭圆选框工具，按住 Shift 键，在如图 3-126 所示的位置绘制一个正圆选区。

（28）激活工具箱中的渐变工具，如图 3-127 所示，单击其属性栏中的渐变编辑色条，在弹出的对话框中设置如图 3-128 所示的参数，单击"确定"按钮。

（29）按住鼠标左键，自选区左上角至右下角拖曳，效果如图 3-129 所示。

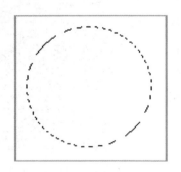

图 3-126　绘制正圆选区 2

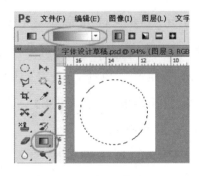

图 3-127　激活渐变工具

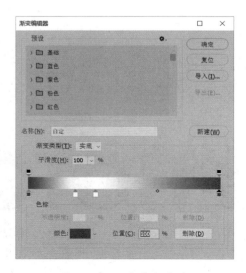

图 3-128　设置渐变色

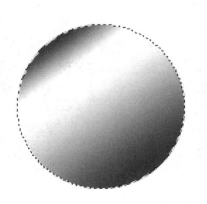

图 3-129　填充渐变色

（30）在图层面板中新建"图层2"图层，并以"图层2"图层为当前选择层，如图3-130所示。

（31）设置前景色为黑色，激活工具箱中的圆角矩形工具，在其相应的属性栏中，设置工具模式为"像素"，半径为5像素，在相应的位置绘制一个圆角矩形，如图3-131所示。

图3-130 新建"图层2"图层

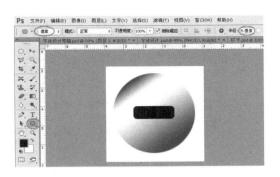

图3-131 绘制圆角矩形2

（32）在图层面板中，复制"图层2"图层为"图层2拷贝"图层，如图3-132所示。以"图层2拷贝"图层为当前选择层，执行"编辑"→"变换"→"旋转90度"菜单命令，然后将"图层2拷贝"图层与"图层2"图层合并为"图层2"图层，效果如图3-133所示。

图3-132 复制"图层2"图层

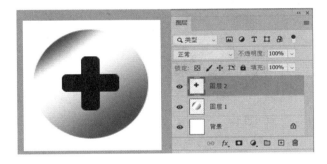

图3-133 合并图层1

（33）如图3-134所示，以"图层1"图层为当前选择层，按住Ctrl键，单击"图层2"图层缩略图，加载"图层2"图层选区，并按Delete键进行删除，效果如图3-135所示。

图3-134 以"图层1"图层为当前选择层

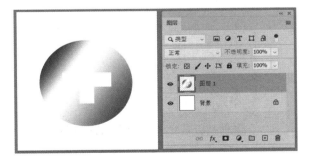

图3-135 载入选区后删除"图层2"图层

（34）以"图层1"图层为当前选择层，单击图层面板下方的"添加图层样式"按钮，在弹出的菜单中分别选择"斜面和浮雕"和"投影"选项，其参数设置如图3-136和图3-137所示，单击"确定"按钮，效果如图3-138所示。

（35）如图 3-139 所示，在"背景"层上面新建"图层 2"图层，并以"图层 2"图层为当前选择层。

（36）激活工具箱中的椭圆选框工具，在如图 3-140 所示的位置绘制一个选区。

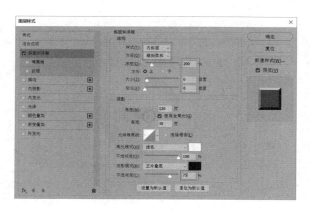

图 3-136　设置斜面和浮雕参数 2

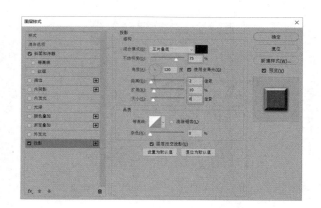

图 3-137　设置投影参数 2

图 3-138　添加图层
样式后的效果 2

图 3-139　新建图层并设置为
当前选择层

图 3-140　绘制选区 2

（37）激活渐变工具，设置如图 3-141 所示的渐变参数，为选区填充径向渐变，效果如图 3-142 所示。

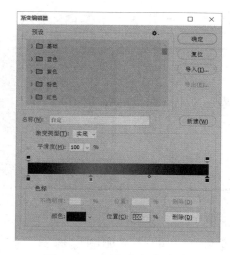

图 3-141　设置渐变参数

图 3-142　填充径向渐变后的效果

（38）如图 3-143 所示，合并"图层 1"图层和"图层 2"图层。

（39）激活工具箱中的移动工具，将合并后的图层拖入"字体设计"文件中。按 Ctrl+T 组合键，调出"自由变换"选框，如图 3-144 所示，按住 Shift 键将钉子调整到合适大小，效果如图 3-145 所示。

图 3-143　合并图层 2

图 3-144　调出"自由变换"选框

图 3-145　调整大小

（40）复制多个钉子，分别放置在不同的位置，效果如图 3-146 所示。

图 3-146　复制多个钉子并放置在不同的位置

（41）在图层面板中，以"PHOTO 拷贝"图层为当前选择层，如图 3-147 所示，按住 Ctrl 键，单击"图层 1"图层的视窗位置，将"图层 1"图层选区加载，并按 Delete 键进行删除，效果如图 3-148 所示。

图 3-147　以"PHOTO 拷贝"
图层为当前选择层

图 3-148　删除效果

（42）打开素材文件"木地板"，如图 3-149 所示。执行"图像"→"调整"→"去色"菜单命令，效果如图 3-150 所示。

图 3-149　木地板素材

图 3-150　去色效果

（43）执行"图像"→"调整"→"曲线"菜单命令,设置如图 3-151 所示的曲线参数,单击"确定"按钮,效果如图 3-152 所示。

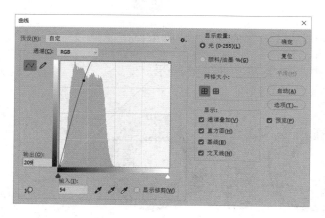

图 3-151　设置曲线参数

图 3-152　调整曲线后的效果

（44）将调整曲线后的木地板图像复制到"字体设计"文件中,并调整其大小、位置和图层上下位置关系,字体设计完成,效果如图 3-153 所示,此时图层面板如图 3-154 所示。

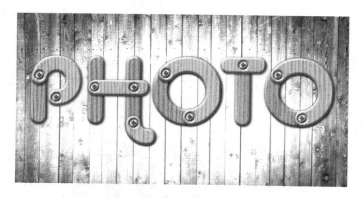

图 3-153　最终效果

图 3-154　最终图层面板

3.4　常用小技巧

（1）在合并可见图层时,按 Ctrl+Alt+Shift+E 组合键可把所有可见图层复制一份后合并到当前图层。同样可以在合并图层时按住 Alt 键,会把当前图层复制一份后合并到前一个图层,但是这时 Ctrl+Alt+E 组合键并不起作用。

（2）在移动图层和选区时，按住 Shift 键可进行水平、垂直或 45°角的移动；按键盘上的方向键可进行每次 1 像素的移动；按住 Shift 键后再按键盘上的方向键可进行每次 10 像素的移动。

（3）在图层、通道、路径调板上，当按住 Alt 键并单击这些调板底部的工具按钮时，对于有对话框的工具可调出相应的对话框更改设置。

（4）在按下 Ctrl 键的同时，激活移动工具，单击某个图层上的对象，就会自动切换到该对象所在的图层。

3.5　相关知识链接

1. 字体设计范围

字体设计范围主要涵盖书法字体、装饰字体和英文字体 3 个方面。

书法字体：其在 VI（Visual Identity，即视觉识别系统）设计中具有易识别的特点，如海尔、中国银行的 Logo 等。书法在我国历史悠久，源远流长，其独特的表现形式为字体设计提供了很多依据与素材。

装饰字体：装饰字体是在基本字形体结构的基础上进行美化加工，具有美观大方和应用范围广泛的特点，如图 3-155 所示。

图 3-155　装饰字体

英文字体：企业的 Logo 多为中、英文两种，这样便于企业文化的推广与在不同国家地区进行广告宣传使用，如可口可乐的 Logo 等。

2. 字体设计原则

文字的个性：文字的个性要使设计符合被设计物体的风格特征。文字的设计如果与被设计物体的属性不吻合，就不能完整地表达出其性质，也就失去了设计的意义。文字的设计一般来说可分为简洁现代、华丽高雅、古朴庄重、活泼俏皮、清新明快等（见图 3-156）。

图 3-156　个性字体

文字的可读性：文字存在的意义就是向设计的阅读者提供意识和信息。我们在设计中要达到这种效果就要考虑整体的诉求效果，要给人以明确的意识。虽然设计要给人以独特的感觉，但是如果失去可读性，那设计就无从谈起，当然注定以失败告终。

文字的美感：设计的美感在视觉传达方面要突出设计的独特美，文字是画面的主要构成部分，具有传达设计情感的功能，因此首要任务就是要带给欣赏设计的人以美的感受。

字体的创造性：字体要与众不同，这样才能使观看设计的人产生深刻的印象，产生独具特色的视觉记忆。设计时应该从结构、笔画、组合、形体等多方面考虑，创造一种新颖的、特别的美感，这样才可以让设计为人熟知和记忆，才能传达被设计物体的整体形象。

第4章 图案设计——绘图工具的应用

图案就是图形的方案。

一般，我们把经过艺术处理的图形表现称为图案。这里面又包括装饰设计、几何纹样、视觉艺术等方面。上海辞书出版社出版的《辞海》在艺术分册中对图案的解释是"广义指对某种器物的造型结构、色彩、纹饰进行工艺处理而事先设计的施工方案，制成图样，通称图案，狭义则指器物上的装饰纹样和色彩"。

在网络中我们习惯把矢量图形的设计称为图案。图案在表现形式上有抽象和具象之分，按照内容的不同，又可以分为花卉图案、人物图案、风景图案、动物图案等。其实图案是一种深入人们生活中的艺术形式，它将生活中的艺术元素经过加工和升华后表现出来，进而装点人们的生活。

4.1 图案设计案例分析

1．创意定位

在现在的社会生活中，互送锦鲤已成为一种新的风尚，大到开业庆典，小到亲戚往来，锦鲤代表招财的好兆头。整洁别致的厅堂内放置几尾色彩艳丽的锦鲤于器皿中，给室内增加灵动华贵之气。其实早在古代，锦鲤就被中国人视为吉祥之物，通常被放置于寺院、庙舍的池塘中，更取"连年有鱼"之意。

中国过年有贴年画的习俗，我们不妨设计一幅卡通图案的年画，带给新的一年不一样的感觉，效果如图 4-1 所示。

2．所用知识点

本设计主要用到 Photoshop 2020 软件中的画笔工具、渐变工具、油漆桶填充工具及选择工具。

图 4-1 锦鲤图案

3．制作分析

- 使用画笔工具画出鱼的具体轮廓。
- 利用油漆桶填充工具填充色彩。
- 利用画笔工具进行细节美化，利用渐变工具进行细节的修改。

4.2 知识卡片

绘图工具最主要的功能就是绘制各种各样的图形和图像。它包括画笔工具组、橡皮擦工具组和渐变工具组。画笔工具组中的工具主要用于绘制图形；橡皮擦工具组中的工具主要用于擦除图形；渐变工具组中的工具主要用于为画面填充单色、渐变色和图案。灵活运用绘图工具，可绘制出非常逼真的画面效果。

4.2.1 画笔工具组

Photoshop 中的画笔工具组是常用的绘图工具，包括画笔工具 、铅笔工具 、颜色替换工具 和混合器画笔工具 。其中画笔工具主要用来创建较为柔和的线条；而铅笔工具主要用来创建硬边手绘的直线条。

1. 画笔工具

画笔工具 与人们通常所说的毛笔的用法类似，主要用来绘制线条或图案。使用时，首先选择一个合适的画笔笔头，然后设置前景色颜色，再在文档窗口中单击或按住鼠标左键拖动鼠标即可。

> **提示：** 当使用画笔工具时，在画面中单击，然后按住 Shift 键在画面中的另一处位置单击，两点间会以直线连接。

1）画笔工具属性栏

激活画笔工具，图 4-2 所示为其属性栏。

图 4-2 画笔工具属性栏

（1）画笔预设按钮 ：单击 按钮，可以打开画笔设置面板，如图 4-3 所示，在该面板中可以选择笔头形状，并可以设置画笔的大小和硬度参数。

（2）切换画笔面板按钮 ：单击此按钮可以弹出"画笔设置"和"画笔笔尖形状"两个选项，如图 4-4 所示。

（3）模式：在下拉列表中可以选择画笔笔迹颜色与下面像素的混合模式。

（4）不透明度：用来设置画笔的不透明度，该值越小，线条的透明度越高。

（5）流量：决定画笔在绘画时的压力大小，该值越大，画出的线条颜色越深。

（6） 按钮：激活该按钮后，可启动喷枪功能，即在绘画时，绘制的线条颜色会因鼠标光标的停留而向外扩展。

（7）设置绘画的对称按钮 ：这是新版 Photoshop 增加的内容。允许在使用画笔工具、混合器画笔工具、铅笔工具及橡皮擦工具时绘制对称图形。在使用这些工具时，单击属性栏中的 按钮，从以下几种可用的对称类型中选择：垂直、水平、双轴、对角线、波形、圆形、螺线、平行线、径向、曼陀罗。

图 4-3　画笔设置面板

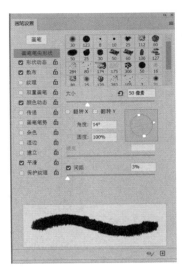

图 4-4　"画笔设置"和"画笔笔尖形状"切换面板

> 提示：在使用画笔工具时，按 [键可减小画笔的直径，按] 键可增加画笔的直径；按 Shift+[组合键可减小画笔的硬度，按 Shift+] 组合键可增大画笔的硬度。

> 提示：按键盘上的数字键可以调整画笔工具的不透明度。例如，当按下 1 键时，不透明度为 10%；当按下 5 键时，不透明度为 50%；当按下 0 键时，不透明度恢复为 100%。

> 提示：单击画笔设置面板右上角的 ⚙ 按钮，即可打开面板菜单，在菜单中可以选择旧版画笔的显示方式，以及载入预设的 15 种画笔库等。

> 提示：单击"画笔笔尖形状"面板中的"画笔笔尖形状"选项，可对画笔笔头进行大小、角度、圆度、硬度和间距等设置，如图 4-4 所示。注意，选择不同的画笔笔头，弹出的选项参数也各不相同。
>
> （1）大小：用来设置画笔笔头的大小。
>
> （2）翻转 X/ 翻转 Y：用来改变画笔笔头在 X 轴或 Y 轴上的方向。
>
> （3）角度：用来设置画笔的旋转角度。可在文本框中输入角度值，也可以拖动箭头进行调整。
>
> （4）圆度：用来设置画笔笔头长轴和短轴之间的比率。可在文本框中输入数值，或拖动控制点来调整。当该值为 100% 时，画笔为圆形，当设置其他值时可将画笔压扁。
>
> （5）硬度：用来设置画笔笔头的虚化程度。该值越小，画笔的边缘越柔和。
>
> （6）间距：设置利用画笔工具绘制线条时每两笔间的距离。该值越大，每两笔间的距离越大；如果取消选择，则会自动根据光标的移动速度来调整笔迹间的距离。

2）画笔设置面板

（1）大小：拖动滑块或在文本框中输入数值可以调整画笔的直径。

（2）硬度：用来设置画笔边缘的虚化程度。数值越大，画笔边缘越清晰。

（3）创建新的预设按钮▤：单击该按钮，可以打开"新建画笔"对话框，如图4-5所示，输入画笔名称后，单击"确定"按钮，可以将当前画笔保存为预设画笔。

图4-5　"新建画笔"对话框

3）画笔设置面板菜单

单击画笔设置面板右上角的▤按钮，即可打开面板菜单，如图4-6所示，在菜单中可以选择面板的显示方式，以及载入预设的画笔库等。

（1）新建画笔预设：用来创建新的画笔预设，它与▤按钮的作用相同。

（2）重命名画笔：选择画笔后，可执行该命令为画笔形状重新命名。

（3）删除画笔：选择画笔后，执行该命令可将画笔删除。

（4）恢复默认画笔：将面板中的画笔恢复为默认状态。

（5）导入画笔：可将外部的画笔库载入画笔设置面板中。

（6）获取更多画笔：通过网络链接画笔库。

（7）转换后的旧版工具预设：选择该命令后会弹出如图4-7所示的提示对话框。

（8）旧版画笔：执行该命令可将"旧版画笔"集恢复为"画笔预设"列表。

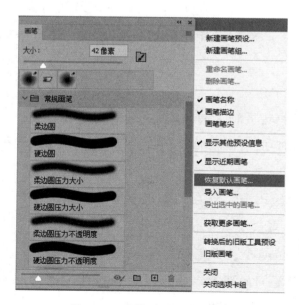

图4-6　画笔设置面板菜单

图4-7　弹出的提示对话框

2. 自定义画笔

在日常的设计工作中，软件本身提供的笔形往往无法满足用户的需要，这时需要用户自己设计一种笔形来完成工作，或者利用一种图案作为笔形等。

✈ 范例操作——自定义画笔的应用

（1）打开素材，如图4-8所示。激活工具箱中的魔棒工具，单击白色区域，然后执行"选择"→"反向选择"菜单命令，对金鱼进行选择，效果如图4-9所示。

图4-8　打开素材1　　　　　　　　　　　　　图4-9　选择金鱼

（2）执行"编辑"→"定义画笔预设"菜单命令，在弹出的对话框中设置如图4-10所示的名称，单击"确定"按钮。

（3）激活画笔工具，然后在画笔设置面板中选择刚才定义的画笔，如图4-11所示。

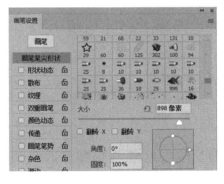

图4-10　设置画笔名称　　　　　　　　　　图4-11　选择刚才定义的画笔

（4）打开如图4-12所示的素材，设置前景色为红色，在画笔设置面板中设置"大小"为380像素，然后在画面中的恰当位置单击，效果如图4-13所示。

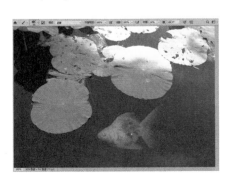

图4-12　打开素材2　　　　　　　　　　　图4-13　第一次绘制图案

（5）重新设置不同的画笔直径与角度，改变前景色，在画面中单击，可以绘制出如图4-14所示的效果。

（6）在绘制过程中可以看出，画笔的设置与所设置的图案色彩无关，只表示设置图案的灰度是多少。继续改变参数，根据画面需求，依次绘制不同色彩与大小的金鱼，效果如图4-15所示。

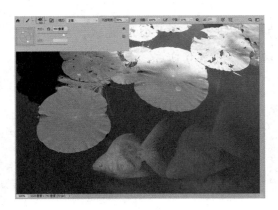

图 4-14　改变参数后再次绘制图案　　　　　　图 4-15　最终绘制图案效果

3. 铅笔工具

铅笔工具与画笔工具的用法基本一样，都使用前景色绘制线条，区别在于二者绘制线条的效果不同。

激活铅笔工具，图4-16所示为其属性栏，可以发现其与画笔工具的属性栏相比，只多了一个"自动抹除"选项。

图 4-16　铅笔工具属性栏

"自动抹除"功能具有橡皮擦和画笔的功能，在图像内与前景色相同的颜色区域绘画时，铅笔工具会自动擦除此处的颜色而显示背景色；如果在与前景色不同的颜色区域绘画，则以前景色显示。

打开素材，如图4-17所示。激活铅笔工具，勾选"自动抹除"复选框，设置笔形，按住鼠标左键绘制如图4-18所示的效果；继续在涂抹好的颜色上拖动鼠标，则该区域将涂抹成背景色，其功能相当于橡皮擦的功能，效果如图4-19所示；继续在涂抹好的颜色上拖动鼠标，或者改变笔刷的角度，则继续显示前景色，效果如图4-20所示。从中可以看出，每次铅笔的起点都会与前一次形成交叉，这样方能发生上述现象。

4. 颜色替换工具

颜色替换工具 ![icon] 可以使用前景色替换图像中的颜色，而画面中对象的肌理效果仍保留。该工具不适用于位图模式、索引模式或多通道颜色模式的图像。

图 4-17　素材

图 4-18　首次绘制效果

图 4-19　重复绘制效果

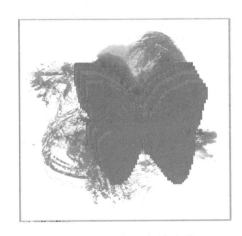

图 4-20　循环绘制效果

激活颜色替换工具，其属性栏如图 4-21 所示。

图 4-21　颜色替换工具属性栏

（1）模式：用来设置替换的内容，包括"色相"、"饱和度"、"颜色"和"明度"。默认为"颜色"，它表示可以同时替换色相、饱和度和明度。

（2）取样：用来设置颜色的取样方式。激活连续按钮，在拖动鼠标时可连续对颜色取样；激活一次按钮，则只替换包含第一次单击的颜色区域中的目标颜色；激活背景色板按钮，则只替换包含当前前景色的区域。

（3）限制：当选择"不连续"选项时，可替换出现在光标下任意位置的样本颜色；当选择"连续"选项时，只替换与光标下的颜色邻近的颜色；当选择"查找边缘"选项时，可替换包含样本颜色的连续区域，同时更好地保留形状边缘的锐化程度。

（4）容差：用来设置颜色替换的范围。颜色替换工具只替换鼠标单击点颜色容差范围内的颜色，因此，该值越大，包含的颜色范围越大。

（5）消除锯齿：勾选该选项后，可以为替换颜色的区域消除锯齿，生成平滑的边缘。

范例操作——颜色替换工具的应用

（1）打开图片，如图 4-22 所示。利用魔棒工具或其他选择工具选择白色的婚纱，效果如图 4-23 所示。

图 4-22　打开图片

图 4-23　选择白色的婚纱

（2）设置前景色：R 为 255、G 为 85、B 为 239。激活颜色替换工具，设置其属性栏参数，如图 4-24 所示。按住鼠标左键在画面中绘制出如图 4-25 所示的效果。

（3）同样，利用快速选择工具也可以选择头纱或手捧花所在区域并替换颜色，效果如图 4-26 和图 4-27 所示。

图 4-24　设置颜色替换工具属性栏参数

图 4-25　替换颜色

图 4-26　替换局部颜色 1

图 4-27　替换局部颜色 2

5．混合器画笔工具

混合器画笔工具是 Photoshop 2020 的新增功能，它可以模拟真实的绘画技术，如混合画布上的颜色、组合画笔上的颜色及在描边过程中使用不同的绘画湿度。

激活混合器画笔工具，其属性栏如图 4-28 所示。

图 4-28　混合器画笔工具属性栏

（1）当前画笔载入按钮▦：可重新载入或清除画笔，也可在这里设置需要的颜色，让它和涂抹的颜色进行混合。具体的混合效果可通过后面的设置值进行调整，对比效果如图 4-29 和图 4-30 所示。

图 4-29　原图片

图 4-30　混合后的效果

（2）每次描边后载入画笔按钮▨和每次描边后清理画笔按钮▨：控制每笔涂抹结束后，是否对画笔进行更新和清理。这类似画家在绘画时，一笔过后是否将画笔放在水中清洗。

（3）有用的混合画笔组合▦：单击其下拉箭头，将弹出下拉列表，其中包括预先设置好的混合画笔。当选择某一种混合画笔时，其右边的 4 个选项的设置值会自动调节为预设值。

（4）潮湿：设置从画布中拾取的油彩量。

（5）载入：设置画笔上的油彩量。

（6）混合：设置颜色混合的比例。

（7）流量：设置描边的流动速率。

（8）对所有图层取样按钮▨：激活此按钮后，无论文件中有多少个图层，都会将它们作为一个合并的图层看待。

4.2.2　橡皮擦工具组

Photoshop 2020 中包含 3 种类型的橡皮擦工具：橡皮擦工具▨、背景橡皮擦工具▨和魔术橡皮擦工具▨。在使用这些工具擦除对象时，除橡皮擦工具显示被擦除部分为背景颜色外，其余两种工具显示被擦除部分为透明色。

1. 橡皮擦工具

橡皮擦工具是最基本的擦除工具。激活该工具，其属性栏如图 4-31 所示。

图 4-31　橡皮擦工具属性栏

（1）模式：用来选择橡皮擦工具擦除图像的方式。当选择"画笔"选项时，会擦出柔角效果的边缘；当选择"铅笔"选项时，只能擦出硬边效果；当选择"块"选项时，将擦出块状的擦痕。

（2）不透明度：用来设置擦除图像的不透明程度。当值为 100% 时，可以将像素完全擦除。当将模式设置为"块"时，该选项不可用。

（3）流量：用来控制橡皮擦工具的擦除强度。数值越大，对图像的擦除效果越明显。

（4）抹到历史记录：与历史记录画笔工具的功能相近，勾选该复选框后，可以在"历史记录"面板中选择一个操作步骤或快照，在擦除时可以将图像恢复到指定状态。

当利用橡皮擦工具擦除图像时，在背景层或锁定透明的普通层中擦除时，被擦除的部分将更改为工具箱中显示的背景色；在普通层中擦除时，被擦除的部分将显示透明色，擦除效果对比如图 4-32 所示。

图 4-32　擦除效果对比

2. 背景橡皮擦工具

背景橡皮擦工具是用来擦除背景的一种智能工具，它具有自动识别对象边缘的功能。激活该工具，其属性栏如图 4-33 所示。

图 4-33　背景橡皮擦工具属性栏

（1）取样：用来设置取样的方式，包括 3 个按钮。激活连续按钮，在拖动鼠标时将会对颜色进行连续取样，如果光标碰到需要保留的图像，则也将会一并擦除；激活一次按钮，则只擦除第一次单击时的颜色区域；激活背景色板按钮，将擦除包含背景色的区域。

（2）限制：用来选择擦除时的限制模式。当选择"不连续"选项时，可以擦除光标下任意位置的颜色；当选择"连续"选项时，只擦除样本颜色和其相互连接的区域；当选择"查找边缘"选项时，可以很好地保留形状边缘的锐化程度，擦除包含样本颜色的连接区域。

（3）容差：用来设置颜色的容差范围。低容差仅限于擦除与样本颜色相近的区域，而高容差可擦除范围更广的区域。

（4）保护前景色按钮■：用来防止擦除与前景色匹配的颜色区域。

3. 魔术橡皮擦工具

魔术橡皮擦工具的用法与魔棒工具相同，利用它可以一次性擦除图像中与鼠标单击处颜色相同或相近的颜色。激活该工具，其属性栏如图4-34所示。

图4-34　魔术橡皮擦工具属性栏

（1）容差：用来设置可擦除的颜色范围。低容差会擦除颜色范围内与单击点像素非常相近的像素，而高容差可擦除范围更广的像素。

（2）消除锯齿按钮■：用来使擦除区域的边缘变得平滑。

（3）只抹除连续像素按钮■：激活此按钮后，在擦除时，可擦除与单击点像素邻近的像素；当未激活此按钮时，将擦除图像中所有相似的像素。

在使用魔术橡皮擦工具时，将鼠标光标移动到背景处单击，即可将与单击点颜色相近的区域擦除。如果背景不是单一色彩，则继续在其他区域单击，即可将背景完全擦除。

✈ 范例操作——魔术橡皮擦工具的应用

（1）打开图片素材，如图4-35所示。首先激活魔术橡皮擦工具，设置如图4-36所示的参数，然后在背景上单击，将部分背景擦除。改变参数，继续进行擦除，效果如图4-37所示。

（2）将人物的基本轮廓擦除完毕后，激活橡皮擦工具，将背景中的剩余部分擦除，在擦除过程中注意更换笔头，效果如图4-38所示。

图4-35　图片素材1

图4-36　设置参数并擦除部分背景

图 4-37 改变参数并继续进行擦除

图 4-38 擦除背景剩余部分

（3）打开另一张图片素材，如图 4-39 所示，将人物拖动到新文件中，并调整大小与图层上下位置关系，效果如图 4-40 所示。

图 4-39 图片素材 2

图 4-40 将人物拖动到新文件中

（4）使用同样的方法，再打开一张图片素材，如图 4-41 所示，将其背景擦除后复制至该文件中，效果如图 4-42 所示。

图 4-41 图片素材 3

图 4-42 复制素材

4.3　实例解析

4.3.1　锦鲤图案设计案例

（1）新建文件，设置尺寸为 10cm×10cm，分辨率为 300 像素 / 英寸，色彩模式为 RGB。

（2）激活画笔工具，利用画笔工具绘制鱼眼睛的形状色块。按照从下到上，由面积大到面积小的遮盖顺序，选择浅蓝色、天蓝色、深蓝色、白色，不断调整笔触的大小，然后在准确位置重复单击即可，这样就会具有简单的明暗光影效果。其绘制过程如图 4-43 所示。

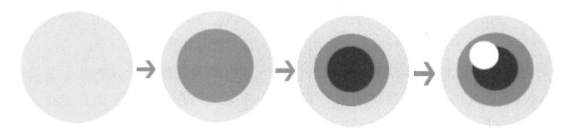

图 4-43　绘制鱼眼睛局部过程

（3）接下来进一步加强眼睛的透明立体效果。利用椭圆选框工具选取眼睛中需要产生质感的区域，如图 4-44 所示。然后激活渐变工具，在选择区域内进行渐变填充，渐变色条选择由白色向透明色渐变的线性渐变模式。按住鼠标拖动渐变，使产生渐变的范围不超过眼睛的三分之一，这样鱼的眼睛就产生了立体效果，如图 4-45 所示。

图 4-44　绘制选区

图 4-45　渐变填充鱼眼睛

（4）调整鱼眼睛的位置，使用画笔工具绘制出鱼的外形。在此绘制黑色轮廓是为了方便添色，绘制时注意线条的粗细变化，不断调整画笔直径参数，这样画出来的鱼才生动有趣。在适当的部位可以使用直线工具，然后使用画笔工具进行调整，注意调整画面构图布局，效果如图 4-46 所示。

（5）使用油漆桶填充工具进行填充。上一步已经绘制了黑色轮廓，所以在填充时不会发生错误，这样就确定了图案的主体颜色。在填充颜色时反复进行调整，先填充主要颜色，然后逐渐填充其他颜色，效果如图 4-47 所示。

图 4-46　绘制鱼的简单轮廓

图 4-47　填充主要颜色

（6）继续填充鲜艳的色彩，保证画面的喜庆气氛。这时可以大胆使用一些鲜艳的颜色，因为已经用黑色进行了勾边，所以不会产生大的冲突，效果如图 4-48 所示。

（7）利用魔棒等选择工具和画笔工具为小的区域内的颜色添加花纹和其他装饰。因为这里是细节调整，因此可以使用各种图形的笔刷，也可以利用自定义图案进行变化，但在用笔时要考虑好每一步，因为对于一张图案来说需要整体的构思和安排，在这里我们利用不同的笔刷进行装饰，效果如图 4-49 所示。

图 4-48　继续填充鲜艳的色彩

图 4-49　添加花纹和装饰

（8）利用画笔工具绘制出绿色的气泡，绘制方法和鱼眼睛的一样，同时保证颜色的饱和度，如图 4-50 所示。

（9）利用画笔工具绘制出图案外框，在使用画笔的过程中，注意画笔的停顿、笔锋的变化，可反复涂画，达到粗细变化的效果，如图 4-51 所示。

图 4-50　绘制绿色的气泡

图 4-51　绘制图案外框

（10）激活矩形选框工具和油漆桶填充工具，对背景图框内的空白处进行填充，制作出水的效果，注意在背景颜色上使用冷色调，与鱼的暖色调形成对比，如图4-52所示。

图 4-52　填充背景后的效果

4.3.2　折扇图案设计案例

一把折扇，两种画面：一面历史，一面现实；一面书画，一面空白，供后人思考后填写。用 Photoshop 设计一把仿真的折扇，效果如图4-53所示，也可以根据自己的爱好设计不同风格的扇面，充分展示自己的设计与审美个性。

图 4-53　折扇效果

制作过程：

（1）根据设计需要新建文件，其参数设置如图4-54所示。

（2）单击图层面板下方的"创建新图层"按钮，新建"图层1"图层，如图4-55所示。

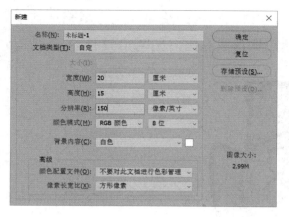

图 4-54　新建文件

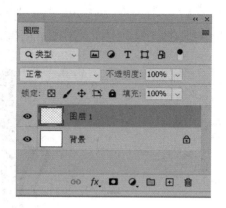

图 4-55　新建"图层 1"图层

（3）激活钢笔工具,在其属性栏中选择"路径"选项,利用钢笔工具在画面中绘制路径（扇子的半根龙骨形状）并进行适当调整，效果如图 4-56 所示。

（4）在路径面板中，选择"存储路径"命令，将路径存储以备后用，如图 4-57 所示。

图 4-56　绘制路径 1

图 4-57　存储路径

（5）在路径面板中,单击下方的"将路径作为选区载入"按钮,将路径转换为选区,如图 4-58 所示。

（6）设置前景色：R 为 40、G 为 10、B 为 10，填充选区，效果如图 4-59 所示。

图 4-58　载入选区

图 4-59　填充选区

（7）执行"编辑"→"复制"→"粘贴"菜单命令，形成"图层 1 拷贝"图层。

（8）将"图层 1 拷贝"图层作为当前选择层，执行"编辑"→"变换"→"水平翻转"菜单命令，将其与原图形连接起来，形成一根完整的龙骨，效果如图 4-60 所示。

（9）在图层面板中，右击"图层1拷贝"图层，在弹出的快捷菜单中选择"向下合并"选项，如图4-61所示，将两个图层合并为"图层1"图层。

图4-60　形成完整龙骨

图4-61　合并图层

（10）单击图层面板下方的"添加图层样式"按钮，在弹出的对话框中设置如图4-62和图4-63所示的参数，单击"确定"按钮，效果如图4-64所示。

（11）执行"编辑"→"自由变换"菜单命令，将龙骨旋转一定角度并放置在画面中的右下方，效果如图4-65所示。

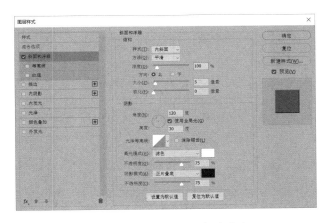

图4-62　设置斜面和浮雕参数1

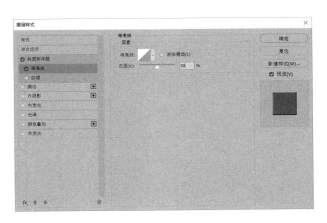

图4-63　设置等高线参数

图4-64　添加图层样式后的效果

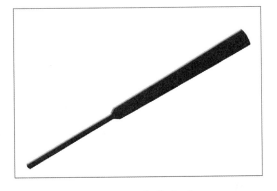

图4-65　变换角度

（12）将"图层1"图层拖至图层面板下方的"创建新图层"按钮上，形成"图层1拷贝"图层。执行"编辑"→"变换"→"水平翻转"菜单命令，获得另一根龙骨，并将其放置在画面中的左下方，使两根龙骨形成交叉，效果如图4-66所示。此时图层面板如图4-67所示。

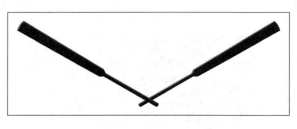

图 4-66　两根龙骨形成交叉

图 4-67　图层面板

（13）在图层面板中新建"图层 2"图层。激活钢笔工具，在其属性栏中选择"路径"选项，利用钢笔工具在画面中绘制路径（扇面部分）并进行适当调整，效果如图 4-68 所示。

（14）将路径转换为选区后填充浅灰色（R：220、G：220、B：220），效果如图 4-69 所示。

（15）在图层面板中复制"图层 2"图层为"图层 2 拷贝"图层并填充灰色（R：200、G：200、B：200）。执行"编辑"→"变换"→"水平翻转"菜单命令，效果如图 4-70 所示。在图层面板中，右击"图层 2 拷贝"图层，在弹出的快捷菜单中选择"向下合并"选项，将两个图层合并为"图层 2"图层。

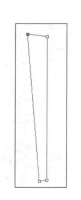

图 4-68　绘制路径 2

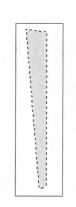

图 4-69　填充颜色

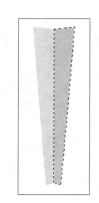

图 4-70　水平翻转效果

（16）执行"编辑"→"自由变换"菜单命令，将旋转中心点移动到龙骨交叉的位置上，效果如图 4-71 所示。

（17）将图形旋转至如图 4-72 所示的位置，双击鼠标左键确认。将鼠标光标指向标尺，按住鼠标左键从标尺位置拖出一条辅助线，放置在图形顶角的位置。

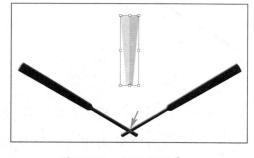

图 4-71　确认变换中心

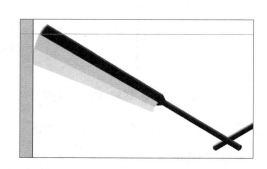

图 4-72　变换位置

（18）再次执行"编辑"→"自由变换"菜单命令,确保旋转中心点位于龙骨交叉的位置上。旋转图形, 使图形的左顶角移动到辅助线的位置, 双击鼠标左键确认, 效果如图 4-73 所示。

（19）继续执行"编辑"→"自由变换"菜单命令,确保旋转中心点依然在龙骨交叉的位置上。激活移动工具, 同时按住 Ctrl+Shift+Alt 组合键, 按 T 键多次, 复制出整个扇面的形态, 效果如图 4-74 所示。

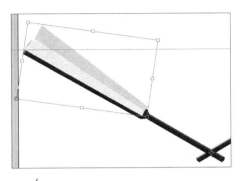

图 4-73 再次变换位置

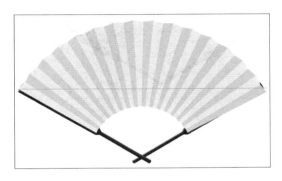

图 4-74 多次变换后的效果

（20）在图层面板中, 按住 Shift 键, 同时选择复制得到的若干"图层 2"图层的副本和"图层 2"图层, 将它们合并为"图层 2"图层, 并拖动至"图层 1"图层的下面。此时图层面板如图 4-75 所示, 图像效果如图 4-76 所示。

图 4-75 变换图层位置后的图层面板

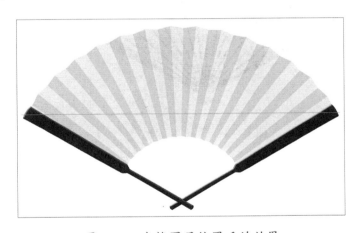

图 4-76 变换图层位置后的效果

（21）新建"图层 3"图层, 在路径面板中, 激活前面存储的路径, 并调整成内骨架的形态, 效果如图 4-77 所示。

（22）为内骨架填充颜色（R：40、G：10、B：10）。单击图层面板下方的"添加图层样式"按钮, 设置如图 4-78 所示的参数, 单击"确定"按钮。

（23）按照制作扇面的方法复制内骨架, 效果如图 4-79 所示。

（24）如图 4-80 所示, 仔细调整图层上下位置关系, 使之扇面初步效果如图 4-81 所示。

（25）在图层面板中选择"图层 2"图层并复制得到"图层 2 拷贝"图层。执行"编辑"→"自由变换"菜单命令, 将复制得到的扇面图形缩小, 效果如图 4-82 所示。

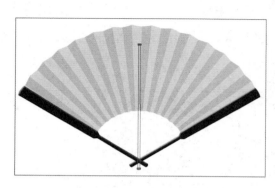

图 4-77　绘制内骨架路径

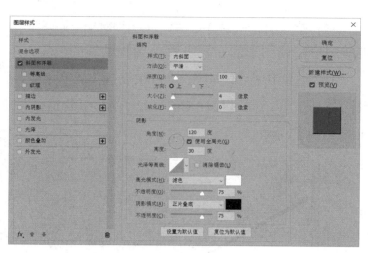

图 4-78　"图层样式"对话框

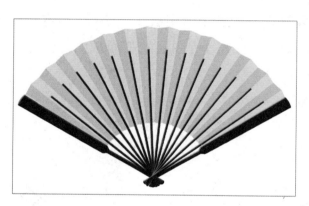

图 4-79　复制内骨架

图 4-80　调整图层上下位置关系

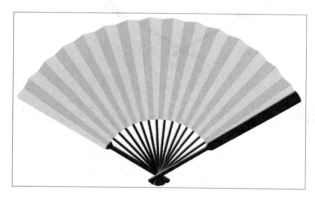

图 4-81　扇面初步效果

图 4-82　缩小扇面图形

（26）在图层面板中，以"图层 2"图层为当前选择层，执行"图像"→"调整"→"色相／饱和度"菜单命令，在弹出的对话框中设置如图 4-83 所示的参数，单击"确定"按钮，效果如图 4-84 所示。

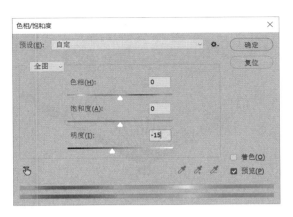

图 4-83　设置色相/饱和度参数

图 4-84　调整后的效果

（27）扇子基本制作完成，下面需进一步完善扇子轴。新建"图层4"图层，激活椭圆选框工具，绘制一个正圆选区并填充浅灰色，效果如图 4-85 所示。在"图层样式"对话框中设置如图 4-86 和图 4-87 所示的参数，单击"确定"按钮，效果如图 4-88 所示。

图 4-85　绘制选区并填充颜色

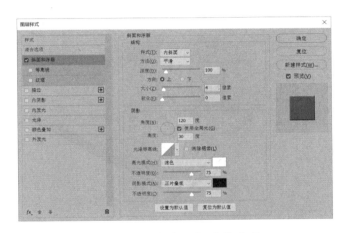

图 4-86　设置斜面和浮雕参数 2

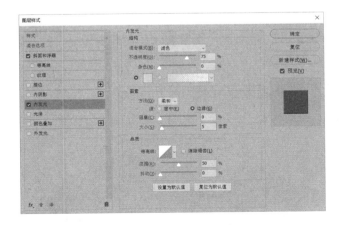

图 4-87　设置内发光参数

图 4-88　设置参数后的效果

（28）导入图片素材，如图 4-89 所示。双击背景层，使之变为"图层0"图层。激活魔棒工具，在其属性栏中设置"容差"为12，然后单击白色区域，反选梅花，将梅花复制至折扇文件中，效果如图 4-90 所示。

图 4-89　图片素材

图 4-90　复制素材

（29）执行"编辑"→"变换"→"水平翻转"菜单命令，调整梅花的角度与大小，效果如图 4-91 所示。

（30）仔细观察可以看出，此时梅花与扇面并没有融合在一起。改变图层混合模式为"正片叠底"，效果如图 4-92 所示。

图 4-91　水平翻转效果

图 4-92　改变图层混合模式

（31）仔细观察可以看出，改变图层混合模式后，梅花的颜色变暗。因此，单击图层面板底部的"创建新的填充或调整图层"按钮，在弹出的对话框中调整参数，如图 4-93 所示，使红色更鲜艳，效果如图 4-94 所示。

（32）剪切梅花右上角部分，并调整角度与大小，最终效果如图 4-53 所示。

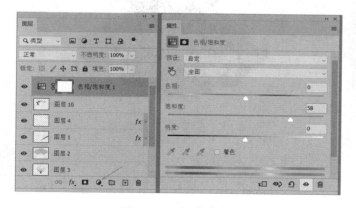

图 4-93　调整参数

图 4-94　调整参数后的效果

4.4 常用小技巧

（1）在使用涂抹工具时，按住 Alt 键可由纯粹涂抹变为用前景色涂抹。

（2）按住 Alt 键，使用图章工具在任意打开的图像视窗内单击，即可在该视窗内设定取样位置。

（3）在使用橡皮擦工具时，按住 Alt 键即可将橡皮擦功能切换成恢复到指定的步骤记录状态。

（4）使用绘图工具（如画笔工具、铅笔工具等），按住 Shift 键单击，可将两次单击点以直线连接。

4.5 相关知识链接

图案的表现形式分为均衡与对称、变化与统一、节奏与韵律、对比与和谐等。

1．均衡与对称

均衡是指虚拟的中心轴上下左右的纹样分量相等，但是纹样色彩不相同。在实际设计中，这种图案生动活泼、富于变化。

对称是指在虚拟的中心轴的左右或上下采用等同颜色、纹样、数量的图形组合成的图案。在实际设计中，这种图案稳定庄重、整齐典雅（见图 4-95）。

2．变化与统一

在图案设计中具有许多矛盾关系，其中包括内容的主要、次要，构图的虚实变化，形体的结构处理，颜色的明度、纯度等。

变化是指图案的各个部分的外在差异。统一是指图案的各个部分的内在联系。

我们要做的是，在统一中求变化，在变化中求统一，使图案的各个部分求得一个整体的视觉效果（见图 4-96）。

图 4-95 均衡与对称形式的图案

图 4-96 变化与统一形式的图案

3．节奏与韵律

在音乐中，节奏被定义为"互相连接的音，所经时间的秩序"。我们在图案中将设计图形的距离、方位进行反复的排列或空间的延伸就会产生节奏。因此我们可以说，节奏就是规律性的重复。

在节奏的重复中，我们把节奏控制的距离进行变化产生间隔，加入强弱、大小、远近等区别就产生了优美的律动，这就是韵律。

节奏和韵律是相互依存的，韵律的使用可以使作品在节奏的基础上产生丰富的效果，而节奏是在韵律基础上的继续发展（见图 4-97）。

4．对比与和谐

对比又称对照，把反差很大的两个视觉要素成功地排列在一起。我们在设计图案时经常使用的对比技巧有图案方式的对比、质量的对比等。通过这些对比，可以使设计图案生动活泼，而又不失整体感。

和谐就是适合，也就是说在设计中，各个构成要素不是相互抵触压制的，而是完整统一调和的。相对于对比而言，和谐更注重一致性，两者是不可分割的统一整体，也是使设计图案产生强烈效果的必要手段（见图 4-98）。

图 4-97　节奏与韵律形式的图案

图 4-98　对比与和谐形式的图案

第5章 招贴广告设计——路径工具的应用

"招贴"按其字意解释,"招"是指引人注意,"贴"是指张贴,即"为引人注意而进行张贴"。招贴的英文为"Poster",在牛津词典中意指展示于公共场所的告示。在伦敦国际教科书出版公司出版的广告词典中,"Poster"意指张贴于纸板、墙、大木板或车辆上的印刷广告,或以其他方式展示的印刷广告。它是户外广告的主要形式,是广告最古老的形式之一。

由于招贴具备了视觉设计的绝大多数基本要素,因此它的设计表现技法比其他媒介更广、更全面,更适合作为基础学习的内容,同时它在视觉传达的诉求效果上更容易让人产生深刻的印象。

5.1 招贴广告的创意与设计技巧

所谓招贴,又名海报或宣传画,属于户外广告,分布于各处街道、影(剧)院、展览会、商业区、机场、码头、车站、公园等公共场所,在国外被称为"瞬间"的街头艺术。

广告设计首先应具有传播信息和视觉刺激的特点。所谓"视觉刺激",是指吸引观众发生兴趣,并在瞬间自然产生 3 个步骤,即刺激、传达、印象的视觉心理过程。"刺激"指让观众注意它;"传达"指把要传达的信息尽快地传递给观众;"印象"即所表达的内容给观众留下形象的记忆。

如今广告业发展日新月异,新的理论、新的观念、新的制作技术、新的传播手段、新的媒体形式不断涌现,但招贴始终无法代替,仍然在特定的领域里充满活力,并取得了令人满意的广告宣传效果,这主要是由它的特征所决定的,如图 5-1 所示。

5.1.1 招贴广告的创意

一则招贴广告成功的关键取决于良好的创意。

一个好的广告创意取决于两个基本因素:轰动效应与信息关联。

轰动效应即招贴广告在受众中引起的共鸣,招贴广告中的某些元素刺激了受众,吸引了受众的注意力,给他们留下了深刻的印象。

信息关联即招贴广告传递的信息引导受众产生了联想,增

图 5-1 招贴广告

强了想象，而这种联想和想象必须是按照广告创意人员的思路所发展的。

招贴广告的创意实现过程是一个发现独特观念并将现有概念以新的方式重新组合的循序渐进的过程。搜集信息、开阔思路、明确目的、自由联想、酝酿创意、实现创意是设计过程中的几个基本步骤。

5.1.2 招贴广告的设计技巧

在进行招贴广告设计时，如何对素材加以运用和改造，提高设计的艺术表现力，是一个需要不断尝试各种方法，不断改变花样的过程。

1. 想象

想象是创作活动的重要手段。

想象是人们观察事物时所产生的心理活动。想象其实是触景生情、有感而发。想象的情节（包括形象）是人的记忆、知识的延伸和创造。

拟人化的设计就是想象，把动物、植物等人格化，并赋予其新的含义。这种处理具有幽默感和亲切感，表现形式以漫画、卡通、绘画等为主，如图 5-2 所示。

图 5-2　想象

2. 颠倒

颠倒就是从反面看待事物，不仅仅是图形和文字的倒置。

这种技巧一般不直接描述或表达事物本身，而是通过与其对立的事物来反衬。比如想表现物品质感的细腻，可以用粗糙的物品来反衬。

3．联系

必然联系：由一种事物联想到另一种事物，事物之间有相似关系或因果关系。

偶然联系：把两个表面看起来不相干的想法合并在一起，看看自己的构思和哪些创意产生联系，能否碰撞出新的创意火花。使用这种偶然联系技巧常常能得到意想不到的效果。另外，这种联系创造出来的图形和情节具有一定的暗示效应，能使受众在接收信息时，对创意的内涵自觉地进行完善和补充，如图5-3所示。

图 5-3　联系

5.2　招贴广告设计案例分析

1．创意定位

首日封是邮票发行首日的记载，它与邮票密切关联，由邮政部门、集邮公司设计、印制和发行，也有集邮者自制的。首日封一般都印有与邮票有关的图案和文字说明，以加强邮票的宣传作用。图5-4所示为2020年鼠年设计的首日封。

首日封融知识性、艺术性、史料性于一体。它记录下邮票的发行首日，成为研究邮票发行史最为真实、权威的证据。

图5-5所示则是某化妆品公司推出的新款口红产品。当今口红品类的扩张令人眼花缭乱，所谓"口红"，早已分化成唇釉、唇彩、唇膏、润唇膏等多个种类，按质地可分为固态、啫喱、水液、乳液、油质、膏状等，按妆效可分为亚光、水光、丝绒等，按功效可分为遮瑕、修护、滋润、提亮肤色等。除此之外，基于人们对健康的关注，出现了号称可以吃的有机口红，对孕妇和下一代的关怀则催生出了孕妇专用款。本产品则围绕防水理念展开设计，力求有所突破。

2. 所用知识点

在上面的广告中，主要用到了 Photoshop 2020 软件中的以下工具及命令。

* 钢笔路径工具组。
* 变换命令组。
* 斜面和浮雕命令。

图 5-4　首日封

图 5-5　口红招贴广告

3. 制作分析

上面广告的制作分为以下几个环节完成。

* 图案构思，特别是"2020"中"2"的图案变化。
* 正确运用填充路径、子路径、描边路径及文字适配路径。
* 文字与路径的转换、将路径转换为形状。
* 合理运用图层拷贝命令，灵活改变图层混合模式，正确处理选区与渐变色编辑的关系。
* 通过复制及色相调整、背景图的合成，完成广告的创作。

5.3　知识卡片

在 Photoshop 中经常会利用路径工具绘制复杂的图形或选取图像，因此必须了解和熟练掌握这些工具的功能及使用方法。

5.3.1　路径工具

1. 路径的概念

路径是由贝塞尔曲线（Bézier curve）组成的一种非打印的图形元素，它在 Photoshop 中起着位图与矢量元素之间相互转换的桥梁作用。利用路径可以选取或绘制复杂的图形，并且可以非常灵活地进行修改和编辑。

2．路径的组成

路径由一条或多条直线段或曲线段组成。每条路径都有锚点标记；锚点标记位于路径段的端点处。通过编辑路径的锚点，可以很方便地改变路径的形状。在曲线段上，每个选中的锚点显示一条或两条方向线，方向线以方向点结束。方向线和方向点的位置决定曲线段的大小和形状。移动这些元素将改变路径中曲线的形状，如图 5-6 所示。

平滑曲线由称为平滑点的锚点连接，锐化曲线路径由角点连接，如图 5-7 所示。

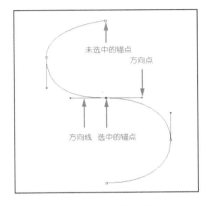

图 5-6　方向点与锚点

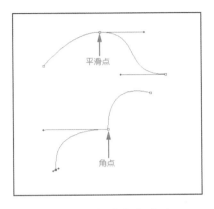

图 5-7　平滑点与角点

（1）锚点（亦称节点）：包括角点、平滑点。当在平滑点上移动方向线时，将同时调整平滑点两侧的曲线段。相比之下，当在角点上移动方向线时，只调整与方向线同侧的曲线段。用钢笔工具单击就能产生锚点，即两个直线段的角。

（2）直线段：连接两个角点，或者与角点无控制柄一端相连的线段。

（3）曲线段：连接平滑点或角点有控制柄一端的线段。

（4）闭合路径：起点与终点为一个锚点的路径。

（5）开放路径：起点与终点是两个不同锚点的路径，如图 5-8 所示。

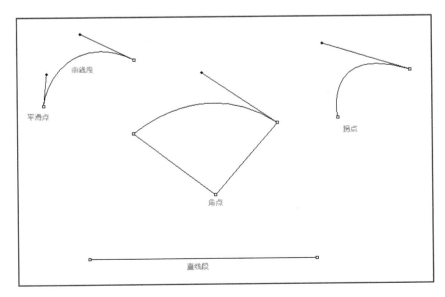

图 5-8　路径组成

3. 钢笔路径工具组

钢笔路径工具组可用来创建路径、调整路径形状。其包括 6 种工具，它们在工具箱中使用同一个图标，分别是钢笔工具 ✎ 、自由钢笔工具 ✎ 、弯度钢笔工具 ✎ 、添加锚点工具 ✎ 、删除锚点工具 ✎ 和转换点工具 ⌐ 。

单击钢笔工具，其属性栏如图 5-9 所示。

图 5-9　钢笔工具属性栏

1）绘图模式

在 Photoshop 中开始绘图之前，必须从属性栏中选择绘图模式。选择的绘图模式将决定是在自身图层上创建矢量形状，还是在现有图层上创建工作路径，或在现有图层上创建栅格化形状。

属性栏中包括 3 种绘图模式：

① "形状"绘图模式。激活此模式，其属性栏如图 5-10 所示，可用来设定填充色和描边色及线形，此时在图层面板中生成新图层。

② "路径"绘图模式。此模式可用来创建普通的工作路径，此时不在图层面板中生成新图层，如图 5-11 所示。此时如果单击属性栏中的"选区"和"形状"按钮，则路径自动生成相应的对象。而属性栏中的 ❑ ❏ ❖ 按钮，只在画面中存在多条路径时可使用，它们分别是"路径操作方式"按钮、"路径对齐方式"按钮和"路径排列方式"按钮。

图 5-10　"形状"绘图模式属性栏及形状路径

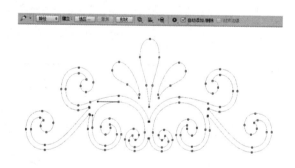

图 5-11　"路径"绘图模式属性栏及路径

③ "像素"绘图模式。使用钢笔工具时此模式不可用，只有在使用矢量形状工具时才可用。激活此模式，在图像文件中拖曳鼠标时，既不创建新图层，也不创建工作路径，只在当前图层中创建填充前景色的形状图形，如图 5-12 所示。

2）路径绘制工具

路径绘制通常指除矩形、圆角矩形、椭圆、直线、多边形和自定形状 6 种路径外的其他路径绘制。

图 5-12　"像素"绘图模式属性栏及形状图形

① 钢笔工具。钢笔工具主要用于绘制路径。激活钢笔工具并在文件中单击，然后移动到另一个位置单击，则可以创建直线路径；当按住鼠标左键拖动时，曲线则由该锚点开始并与该锚点处的方向线相切，直至结束锚点并与结束锚点形成一条曲线。事实上，每个曲线锚点都连接着两条方向线，一条表示路径中前一段弧线的弧度大小，另一条表示下一段路径的方向。如图 5-13 所示，使用钢笔工具既可绘制直线路径，也可绘制曲线路径。

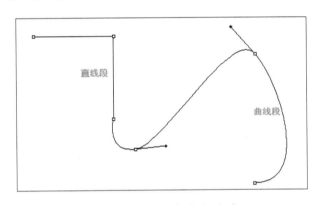

图 5-13　绘制直线与曲线

> **提示：** 在绘制直线路径时，按住 Shift 键可将使用钢笔工具绘制的曲线限制在 45° 范围内。

按住 Ctrl 键可将钢笔工具切换为方向选取工具，便于随机调整路径方向。在未闭合路径之前，按住 Ctrl 键在路径外单击，可以完成开放路径的绘制。

② 自由钢笔工具。自由钢笔工具集合了钢笔工具与磁性钢笔工具二者的优点，当在属性栏中取消勾选"磁性的"复选框时，它将是自由钢笔工具，可以在画面中任意勾画；反之，为磁性钢笔工具。当单击鼠标左键并在画面中拖动时，此工具可沿着鼠标光标运动的轨迹（或对象的轮廓线）自由绘制出任意形状的路径；当回到起点时，光标右下方会出现一个小圆圈，此时松开鼠标可得到封闭路径。如图 5-14 所示，利用磁性钢笔工具将对象勾勒出来，然后将其转换为选区即可。

③ 添加锚点工具。利用添加锚点工具可在路径上增加锚点，从而精确描述对象的形状，改变路径的弧度与方向。

激活添加锚点工具，将鼠标光标移动到要添加锚点的路径上，当鼠标光标显示为添加锚点符号时单击鼠标左键，即可添加锚点，此时并没有改变路径形状。如果在单击的同时按住鼠标左键拖动，则可改变路径形状，如图 5-15 所示。

图 5-14　利用磁性钢笔工具绘制路径

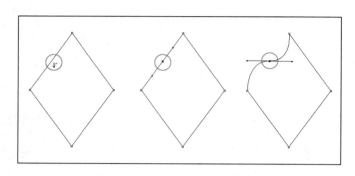

图 5-15　添加锚点

④ 删除锚点工具。激活删除锚点工具，将鼠标光标移动到要删除的某个锚点上，当鼠标光标显示为删除锚点符号时单击鼠标左键，即可删除锚点，此时已经改变路径形状，如图 5-16 所示。如果按住 Alt 键在一个锚点上单击，则整条路径会被选中，并且在拖动鼠标时会复制路径。

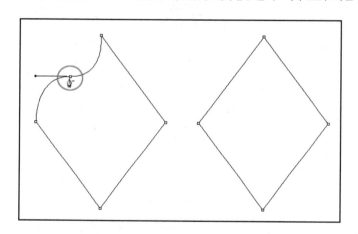

图 5-16　删除锚点

⑤ 转换点工具。利用转换点工具可改变一个锚点的性质。该工具有 3 种工作方法，其取决于编辑的锚点特性，如图 5-17 所示。

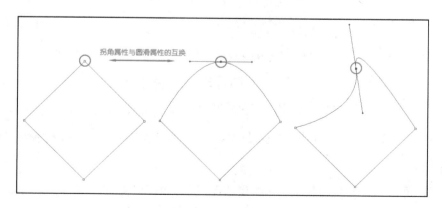

图 5-17　变换锚点

- 对于一个具有拐角属性的锚点，单击并拖动将使其变为具有圆滑属性的锚点。

- 若一个锚点为具有圆滑属性的锚点，则单击该锚点可使其属性变为拐角属性，同时将与之相关联的曲线路径段变为直线。
- 单击并拖动方向点可将锚点的圆滑属性变为拐角属性。

> **提示：**按住 Alt 键，在锚点上单击会变为转换点工具，在非锚点上单击会变为添加锚点工具。

转换点工具因单击路径部位的不同会转换成不同的工具。例如，按住 Alt 键在一条路径上的非锚点处单击，则转换点工具会转换成添加锚点工具，并将该路径上的锚点全部选中。

又如，按住 Alt 键在一个锚点上单击，则删除锚点的方向线。

再如，在按下 Alt 键之前将转换点工具放在一个方向点上，则转换点工具会转换成方向选取工具。

⑥ 自定形状工具。在其形状按钮中包含许多特殊图形，如图 5-18 所示，单击右侧的按钮，有多种预设多边形形状的选项可供选择，只需选择某个多边形形状文件后，在画面中按住鼠标左键拖动即可。

4．路径的创建与保存

在学习了钢笔路径工具组中各种工具的使用方法后，下面介绍路径的创建与保存。执行"窗口"→"路径"菜单命令，打开如图 5-19 所示的路径面板。

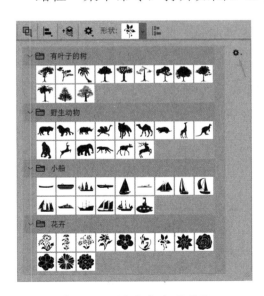

图 5-18　预设多边形形状

图 5-19　路径面板

在该面板底部，自左至右一排按钮的意义分别介绍如下。
- "填充路径"按钮：用来对路径内区域利用前景色进行填充。
- "描边路径"按钮：用来沿着路径的边缘利用前景色进行勾边描绘。
- "将路径作为选区载入"按钮：用来把路径转换为选区。

- "从选区生成工作路径"按钮：用来把选区转换为路径。
- "添加图层面板"按钮：用来为路径所在图层添加蒙版。
- "创建新路径"按钮：用来生成新的路径。
- "删除当前路径"按钮：用来删除当前路径。

1）直线路径的创建

激活工具箱中的钢笔工具，在画面中单击鼠标左键，即可创建一个起始点，然后移动鼠标光标至另一个位置，单击鼠标左键即可创建终点，生成直线路径。

2）曲线路径的创建

一条曲线路径由锚点、方向点和方向线来定义，当单击鼠标左键并拖动时，曲线由起始锚点开始，并与起始锚点处的方向线相切，至结束锚点，再与结束锚点成一条曲线。

3）路径选择工具

路径选择工具包括"路径选择工具"与"直接选择工具"两个工具，如图 5-20 所示。路

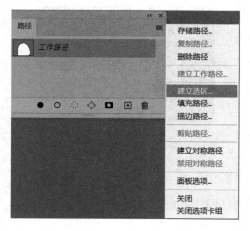

径选择工具主要用于选择路径、移动路径；直接选择工具主要用于调整路径上各个方向点的位置、路径弧度的大小或选择整条路径上的多个锚点。

图 5-20　路径选择工具

按住 Alt 键，使用路径选择工具单击并拖动一个锚点，可复制整条路径并移至其他地方。

按住 Shift 键，则将路径选择工具移动的方向点限制在水平、垂直和斜 45° 的范围内。

4）路径的存储

单击路径面板右侧的▤按钮，在弹出的菜单中选择"存储路径"选项，单击"确定"按钮即可。

5）将路径转换为选区

路径与选区是密切相关的，大多数时候创建的路径最终要转换为选区才能达到设计目的。

单击路径面板右侧的▤按钮，或单击鼠标右键，在弹出的菜单中选择"建立选区"选项，如图 5-21 所示，弹出"建立选区"对话框，如图 5-22 所示。

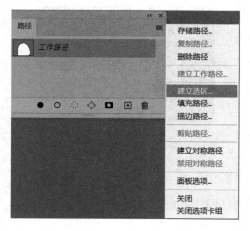

图 5-21　选择"建立选区"选项

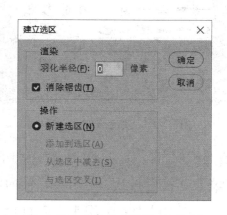

图 5-22　"建立选区"对话框

在"建立选区"对话框的"操作"区域中提供了 4 种创建方式：选中"新建选区"单选按

钮，表明由路径创建一个新选区，此时表明画面中只有路径，而没有选区；选中"添加到选区"单选按钮，表明把路径转换为选区并和画面中已存在的选定区域相加，表明画面中不仅有路径，而且还有其他选区；选中"从选区中减去"单选按钮，表明把路径转换为选区，并从画面中已存在的选定区域中减去新创建的选区；选中"与选区交叉"单选按钮，表明在路径与选定区域重合的区域中创建一个选区。

单击路径面板中的"将路径作为选区载入"按钮，并同时按住 Alt 键，也会弹出"建立选区"对话框。

6）将选区转换为路径

如果需要将选区转换为路径，那么同样也可以做到。单击路径面板右侧的按钮，在弹出的菜单中选择"建立工作路径"选项，弹出"建立工作路径"对话框，如图 5-23 所示。

按住 Alt 键并单击路径面板底部的"从选区生成工作路径"按钮，也可打开"建立工作路径"对话框。在该对话框中，"容差"选项用于设定转换后路径上包括的锚点数，其变化范围为 0.5 ~ 10 像素，其默认值为 2 像素。值越大，产生的锚点数量越少，生成的路径越不平滑；值越小则相反。

图 5-23　"建立工作路径"对话框

7）填充与描边路径

路径和选区一样，都具有填充和描边功能。单击路径面板右侧的按钮，在弹出的菜单中选择"填充路径"及"描边路径"命令，其与"编辑"下拉菜单中的"填充"和"描绘"命令的用法一致。

8）路径的变形

路径和选区一样，也可以进行必要的变形处理。当画面中出现路径时，执行"编辑"菜单命令，在其下拉菜单中可以发现，原来的"自由变换"和"变换"命令已变为"自由变换路径"和"变换路径"命令。同样，如果选择路径上的锚点，则这两个命令会变为"自由变换点"和"变换点"命令，其操作方法与原来一致，如图 5-24 和图 5-25 所示。

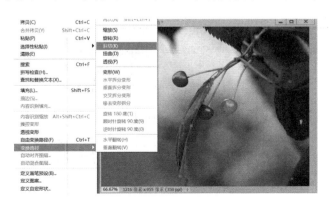

图 5-24　路径变换

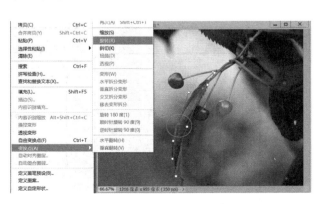

图 5-25　锚点变换

5.3.2 路径与多边形

Photoshop 2020 中还有许多预设好的规则图形路径，如图 5-26 所示，这些规则图形路径的属性栏与普通路径的属性栏相似，其用法一致。

1．矩形工具

矩形工具的属性栏与钢笔工具的属性栏基本相同，它们具有相同的选项和按钮，在此不再介绍。单击属性栏中的 ▣ 按钮，弹出如图 5-27 所示的对话框。

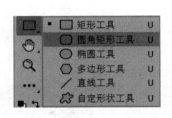

图 5-26　形状工具组　　　　图 5-27　矩形工具属性栏

（1）"不受约束"选项：选择此选项，可以绘制任意长度和宽度的矩形图形。

（2）"方形"选项：选择此选项，可以绘制正方形。

（3）"固定大小"选项：选择此选项，并在右侧的文本框中设置具体长宽尺寸，可以绘制固定大小的矩形。

（4）"比例"选项：选择此选项，并在右侧的文本框中设置具体比例，可以绘制固定比例的矩形。

（5）"从中心"选项：选择此选项，在绘制矩形时，将以鼠标光标的起点为中心进行绘制。

2．圆角矩形工具

圆角矩形工具的选项与矩形工具的选项几乎完全相同，只是在属性栏中多了一个"半径"选项，该选项用于控制矩形倒角大小，如图 5-28 所示。

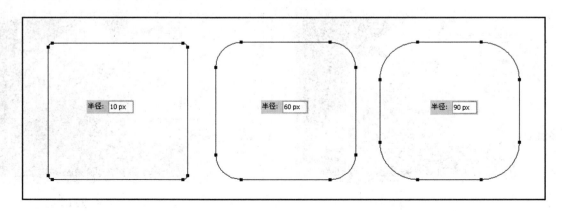

图 5-28　圆角矩形半径对比效果图

3．椭圆工具

椭圆工具的属性栏与矩形工具的属性栏一样，在此不再赘述。

4．多边形工具

单击属性栏中的 ⚙ 按钮，弹出如图 5-29 所示的对话框。

（1）"半径"选项：用于设置多边形或星形的半径。当该文本框中无数值时，拖动鼠标可以绘制任意大小的多边形或星形。

（2）"平滑拐角"复选框：勾选该复选框后，可以绘制具有平滑拐角形态的多边形或星形。

（3）"星形"复选框：勾选该复选框后，可以绘制边向中心位置缩放的星形图形。

（4）"缩进边依据"选项：勾选"星形"复选框后此选项方可使用，其主要用于控制边向中心位置缩放的程度。

（5）"平滑缩进"复选框：勾选该复选框后，可以使星形的边平滑地向中心位置缩放。

图 5-30 所示为统一设定为六边形时改变参数后各自的效果。

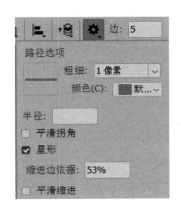

图 5-29　多边形工具属性栏

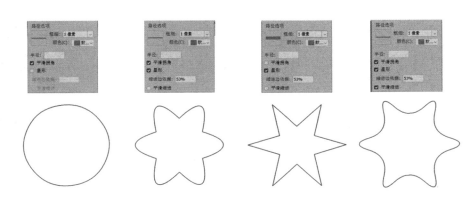

图 5-30　改变参数后各自的效果

5．直线工具

单击属性栏中的 ⚙ 按钮，在弹出的对话框中设置相应的参数可绘制如图 5-31 所示的箭头。

（1）"起点"和"终点"复选框：勾选"起点"复选框后，绘制的直线起点带箭头；反之，终点带箭头。若两者同时勾选，则直线的两端都带箭头；反之，为直线。

（2）"宽度"和"长度"：用于设置箭头的宽度和长度与直线宽度的百分比，以此决定箭头的大小。

（3）"凹度"：文本框中的数值决定了箭头中央凹陷的程度。当数值大于 0 时，箭头尾部向内凹陷；当数值小于 0 时，箭头尾部向外凸出。

6．自定形状工具

在形状工具组中，除预设的形状外，还可以自定义形状，具体操作如下。

（1）新建文件，激活钢笔工具，绘制出如图 5-32 所示的路径。

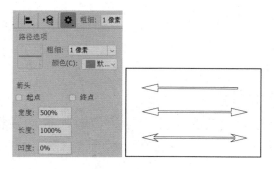

图 5-31　直线工具属性栏及或绘制的箭头　　　　图 5-32　绘制路径

（2）执行"编辑"→"定义自定形状"菜单命令，弹出如图 5-33 所示的对话框，在对话框中可以对路径进行命名。

（3）单击"确定"按钮，即可将路径定义为自定形状，打开自定形状库即可找到定义的形状，如图 5-34 所示。

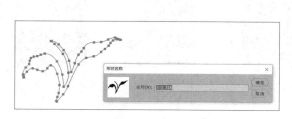

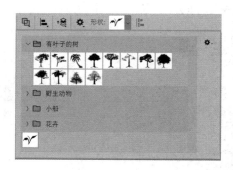

图 5-33　"形状名称"对话框　　　　图 5-34　自定形状库

5.3.3　栅格化形状

利用钢笔工具或形状工具组中的工具绘制形状图形后，执行"图层"→"栅格化"→"形状"菜单命令，或在形状层中单击鼠标右键，在弹出的快捷菜单中选择"栅格化图层"命令，即可将形状层进行栅格化，使其转换为普通层。将形状层栅格化为普通层后，形状层就不再具有路径的属性。栅格化前后的形状和图层面板对比效果如图 5-35 和图 5-36 所示。

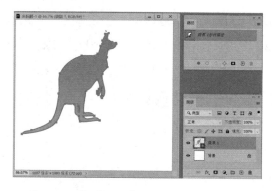

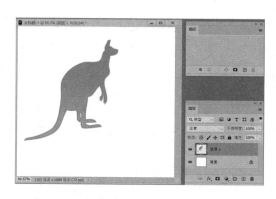

图 5-35　栅格化前的形状和图层面板　　　　图 5-36　栅格化后的形状和图层面板

5.3.4 填充与描边路径

绘制完成的路径具有与选区相同的功能，即可以执行"填充路径"和"描边路径"命令。绘制完路径后单击鼠标右键，在弹出的快捷菜单中选择相应的命令即可完成。下面以实际案例演示填充与描边路径的应用。

✈ 范例操作——填充与描边路径的应用

（1）新建文件，命名为"首日封"，设置分辨率为300像素/英寸，其他参数设置如图5-37所示。

（2）单击前景色缩略图，在如图5-38所示的对话框中设置前景色，然后单击"确定"按钮。

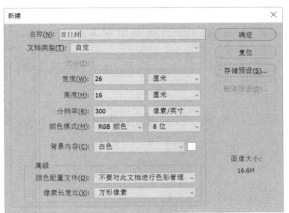

图 5-37 新建文件

图 5-38 设置前景色

（3）新建"图层1"图层，激活油漆桶填充工具，填充前景色。执行"滤镜"→"滤镜库"菜单命令，在弹出的对话框中选择"纹理"选项，设置如图5-39所示的参数，然后单击"确定"按钮。

图 5-39 设置纹理参数

（4）打开图像素材，如图 5-40 所示。执行"编辑"→"定义图案"菜单命令，在弹出的对话框中定义图案名称，如图 5-41 所示，单击"确定"按钮。

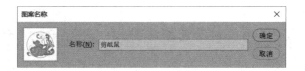

图 5-40　图像素材 1　　　　　　　　　　　　图 5-41　定义图案名称

（5）新建"图层 2"图层，激活油漆桶填充工具，在其属性栏中选择填充图案，效果如图 5-42 所示。

（6）修改图层面板中的"不透明度"与"图层样式"参数，形成凹凸印刷效果，如图 5-43 所示。

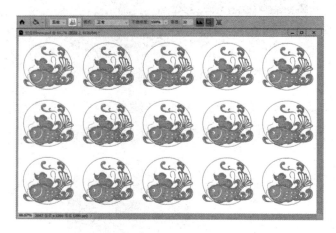

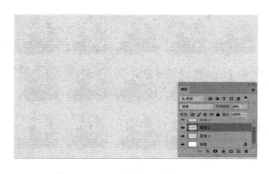

图 5-42　填充图案　　　　　　　　　　　图 5-43　形成凹凸印刷效果

（7）新建"图层 3"图层，激活钢笔工具，绘制如图 5-44 所示的路径图形，在绘制过程中可以通过调整锚点，使之具有自然、流畅的曲线。

（8）激活直接选择工具，单击某段路径，然后单击鼠标右键，在弹出的快捷菜单中选择"填充子路径"选项，如图 5-45 所示，在弹出的对话框中设置如图 5-46 和图 5-47 所示的参数，单击"确定"按钮，效果如图 5-48 所示。

（9）使用同样的方法，依次选择其他各段路径并填充图案，效果如图 5-49 所示。在填充过程中不妨尝试改变参数（路径显示颜色为蓝色，为保证闭合路径后颜色不变，可设置铅笔直径为 1 像素，前景色为蓝色，用鼠标右键单击路径面板，在弹出的快捷菜单中选择"描边路径"命令，单击"确定"按钮即可）。

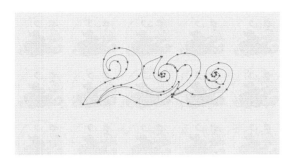

图 5-44 绘制路径图形

图 5-45 选择"填充子路径"选项

图 5-46 "填充子路径"对话框

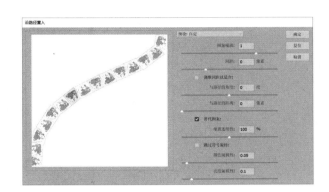

图 5-47 "沿路径置入"对话框

图 5-48 局部填充效果

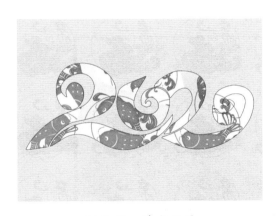

图 5-49 填充效果

（10）打开图像素材，如图5-50所示。设置背景色为白色，执行"图像"→"画布大小"菜单命令，在弹出的对话框中，根据设计需要修改尺寸，如图5-51所示，单击"确定"按钮。

图 5-50 图像素材 2

图 5-51 "画布大小"对话框

（11）激活魔棒工具，选择白色区域，然后填充金色（C：14、M：0、Y：82、K：0），效果如图 5-52 所示。

（12）全选该图像，将选区转换为路径，如图 5-53 所示。设置前景色为白色，激活铅笔工具，设置如图 5-54 所示的笔尖形状参数，然后执行"描边路径"命令，效果如图 5-55 所示。

（13）激活魔棒工具，选择白色区域后反选，将该图案复制至"首日封"文件中，并调整其大小与位置，输入必要的文字，效果如图 5-56 所示。

图 5-52　填充金色后的效果

图 5-53　将选区转换为路径

图 5-54　设置铅笔参数

图 5-55　描边路径效果

图 5-56　复制图案并调整其大小与位置

（14）此时图层面板如图 5-57 所示。以"图层 4"图层为当前选择层，单击图层面板底部的"添加图层样式"按钮，在弹出的对话框中设置如图 5-58 所示的参数，单击"确定"按钮，效果如图 5-59 所示。

（15）以"2020"所在的"图层 3"图层为当前选择层，调整位置、大小与图层混合模式，效果如图 5-60 所示。

（16）打开标尺，按住鼠标左键从标尺上拖曳出纵横辅助线。新建"图层 5"图层，激活矩形工具，按住 Shift 键绘制正方形路径，如图 5-61 所示。

（17）按 Ctrl+T 组合键,按住 Shift 键水平移动正方形路径至第二条辅助线并双击鼠标左键,效果如图 5-62 所示。

图 5-57　图层面板

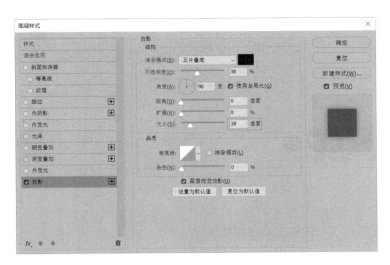

图 5-58　设置图层样式参数

图 5-59　添加图层样式后的效果

图 5-60　调整位置等参数

图 5-61　绘制正方形路径

图 5-62　水平移动正方形路径

（18）同时按住 Ctrl+Shift+Alt 组合键, 按 T 键可连续复制该对象, 效果如图 5-63 所示。

（19）设置前景色为红色,铅笔直径为 2 像素。激活直接选择工具,将 6 个正方形路径全选,单击鼠标右键,在弹出的快捷菜单中选择"描边路径"命令。然后复制该图层为"图层 5 拷贝"

图层，并将其移至右下角，效果如图 5-64 所示，首日封的雏形制作完成，保存待用。

图 5-63　复制正方形路径　　　　　　　　　　图 5-64　首日封雏形

5.3.5　文字与路径的转换

利用文字创建工作路径命令可以将字符作为矢量形状进行处理。工作路径是路径面板中的临时路径，用于定义形状的轮廓。在文字图层中创建的工作路径可以像其他路径一样存储和编辑，但不能将此路径中的字符作为文本进行编辑。将文字转换为工作路径后，原文字图层保持不变并可以继续进行编辑。

✈ 范例操作——文字与路径的转换应用

（1）打开"首日封"图像，激活文字工具，在其属性栏中设置相应的参数，然后输入文字，效果如图 5-65 所示。

（2）执行"文字（类型）"→"创建工作路径"菜单命令，将文字轮廓转换为路径，效果如图 5-66 所示。

图 5-65　输入文字　　　　　　　　　　　　图 5-66　将文字轮廓转换为路径

（3）新建"图层 7"图层。打开路径面板并用鼠标右键单击，在弹出的快捷菜单中选择"填充路径"命令，弹出"填充路径"对话框，如图 5-67 所示，选择填充图案（可以通过"自定图案"命令设定自己满意的图案效果），单击"确定"按钮，然后调整图层样式，效果如图 5-68 所示。

图 5-67　"填充路径"对话框

图 5-68　填充图案后的效果

范例操作——将文字转换为形状的应用

（1）以文字层为当前选择层，执行"文字（类型）"→"转换为形状"菜单命令，将文字转换为形状，如图 5-69 所示。

（2）执行"编辑"→"定义为形状"菜单命令，弹出"形状名称"对话框，如图 5-70 所示，单击"确定"按钮，将文字路径定义为形状。

图 5-69　将文字转换为形状

图 5-70　"形状名称"对话框

（3）激活多边形工具，在其属性栏中选择刚刚定义的形状，如图 5-71 所示。然后按住鼠标左键在画面中绘制形状，效果如图 5-72 所示。

图 5-71　选择刚刚定义的形状

图 5-72　绘制形状

5.3.6　文字适配路径

在 Photoshop 2020 中，其本身所具有的文字排列形式往往不能满足设计需要，因此利用文字沿着路径排列的特点，通过钢笔工具绘制形态各异的路径。当绘制完路径后，在路径边缘或内部单击鼠标左键插入输入符后即可输入文字。

📄 范例操作——文字沿着路径排列的应用

（1）打开"首日封"图片，新建图层，激活椭圆工具，在画面中绘制如图 5-73 所示的正圆路径，并执行"描边路径"命令，设置描边颜色为黑色，线宽为 3 像素。

（2）保持正圆路径为当前工作路径，按 Ctrl+T 组合键调整路径大小，如图 5-74 所示。

图 5-73　绘制正圆路径

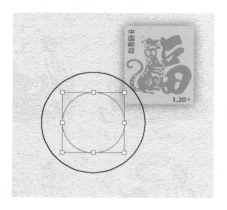

图 5-74　调整路径大小

（3）激活文字工具，设置合适的字体、字号及文字颜色，然后将鼠标光标移动至路径上，当出现 ✓ 符号时单击鼠标左键，此处为文字起点，路径的终点变为小圆圈，效果如图 5-75 所示。

（4）闭合路径，激活钢笔工具，重新绘制一条开放路径，效果如图 5-76 所示。

（5）使用同样的方法输入如图 5-77 所示的文字。打开素材并复制至文件中，调整各元素的布局，效果如图 5-4 所示。

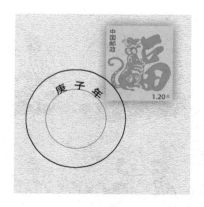

图 5-75　沿路径输入文字

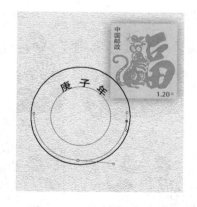

图 5-76　绘制开放路径

图 5-77　沿开放路径输入文字

5.4　实例解析——3A化妆品招贴广告设计案例

（1）打开素材图片，如图 5-78 所示。新建文件，其参数设置如图 5-79 所示。将打开的图片复制至新建的文件中，然后调整其大小，使其与新建的文件大小相符。关闭该图层，同时新建"图层 2"图层。

图 5-78　素材图片 1

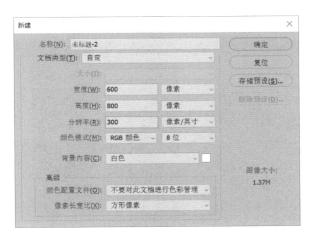

图 5-79　新建文件

（2）以"图层 2"图层为当前选择层，激活椭圆选框工具，在画面中绘制椭圆选区。然后激活矩形选框工具，单击属性栏中的"添加到选区"按钮，如图 5-80 所示，绘制矩形选区，两个选区相加效果如图 5-81 所示。

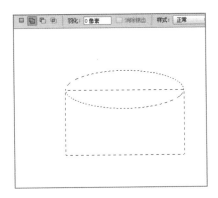

图 5-80　绘制椭圆选区及矩形选区

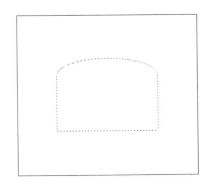

图 5-81　选区相加效果

（3）激活渐变工具，单击属性栏中的渐变色条，在弹出的窗口中设置如图 5-82 所示的渐变色，单击"确定"按钮。选择"线性渐变"方式，按住鼠标左键从左至右填充选区，效果如图 5-83 所示。

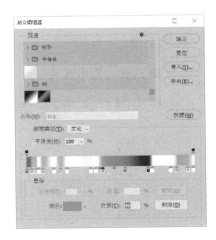

图 5-82　"渐变编辑器"窗口

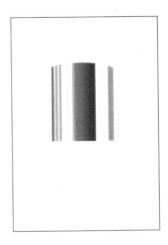

图 5-83　选区填充效果

（4）执行"图层"→"图层样式"→"斜面和浮雕"菜单命令,在弹出的对话框中设置如图 5-84 所示的参数，单击"确定"按钮，效果如图 5-85 所示。

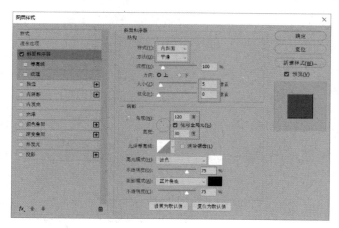
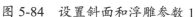

图 5-84　设置斜面和浮雕参数 1

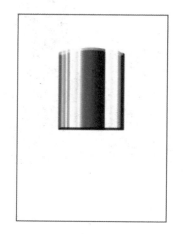

图 5-85　图层样式效果

（5）将"图层 2"图层拖动至图层面板下方的"创建新图层"按钮上，形成"图层 2 拷贝"图层。执行"编辑"→"变换"→"放缩"/"透视"两个命令，调整透视关系与大小，效果如图 5-86 所示。

（6）激活钢笔工具,绘制如图 5-87 所示的路径。单击路径面板底部的"将路径作为选区载入"按钮，将路径转换为选区。

（7）执行"图层"→"新建"→"通过拷贝的图层"菜单命令，形成"图层 3"图层，即可复制相同的图层样式，效果如图 5-88 所示。

图 5-86　放缩和透视效果

图 5-87　绘制路径 1

图 5-88　复制图层样式后的效果

（8）将"图层 3"图层复制两次，并调整各自的位置，效果如图 5-89 所示，然后将 3 个图层合并为"图层 3"图层。

（9）新建"图层 4"图层,同步骤（2）一样,利用选区相加原理绘制如图 5-90 所示的选区。激活渐变工具，单击属性栏中的渐变色条，在弹出的窗口中设置如图 5-91 所示的渐变色，单击"确定"按钮，然后填充选区，效果如图 5-92 所示。

（10）新建"图层 5"图层。激活钢笔工具，绘制如图 5-93 所示的路径，设置前景色为 R：

119、G：16、B：20，用鼠标右键单击路径，在弹出的快捷菜单中选择"填充路径"命令，效果如图5-94所示。

图5-89 复制图层后的效果

图5-90 绘制选区

图5-91 设置渐变色

图5-92 填充效果

图5-93 绘制路径2

图5-94 填充路径效果

（11）以"图层5"图层为当前选择层，执行"图层"→"图层样式"→"斜面和浮雕"菜单命令，在弹出的对话框中设置如图5-95所示的参数，单击"确定"按钮，效果如图5-96所示。

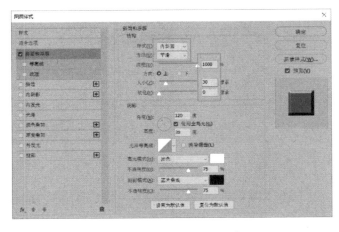
图5-95 设置斜面和浮雕参数2

图5-96 斜面和浮雕效果1

（12）打开通道面板，单击通道面板下方的"创建新通道"按钮，形成 Alpha1 通道。激活文字工具，输入文字"A"（选择笔画粗壮的字体，如方正大黑）。如果感觉笔画偏细，则可执行"选择"→"修改"→"扩展"菜单命令，在弹出的对话框中设置"羽化"参数值为4，然后填充白色，效果如图 5-97 所示。

（13）执行"选择"→"修改"→"收缩"菜单命令，在弹出的对话框中设置如图 5-98 所示的参数，单击"确定"按钮，效果如图 5-99 所示。

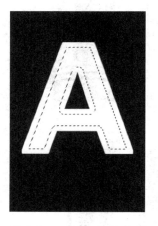

图 5-97　输入文本　　　　　　图 5-98　设置收缩量　　　　　　图 5-99　收缩选区效果

（14）保持选区的存在，按 Delete 键，删除效果如图 5-100 所示。

（15）在通道面板中单击 RGB 通道，返回 RGB 状态。新建"图层 6"图层，设置前景色为 R：209、G：148、B：39，填充"图层 6"图层，效果如图 5-101 所示。

（16）执行"滤镜"→"杂色"→"添加杂色"菜单命令，在弹出的对话框中设置如图 5-102 所示的参数，单击"确定"按钮。

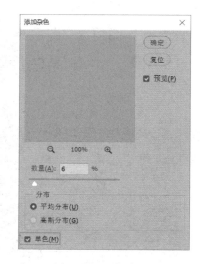

图 5-100　删除效果　　　　　　图 5-101　填充色彩　　　　　　图 5-102　"添加杂色"对话框

（17）保持前景色不变，执行"滤镜"→"滤镜库"→"纹理"→"染色玻璃"命令，在弹出的对话框中设置如图 5-103 所示的参数，单击"确定"按钮，效果如图 5-104 所示。

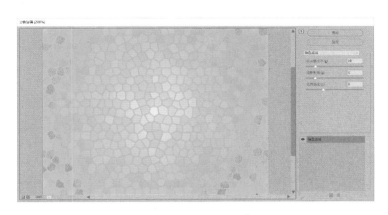

图 5-103　设置染色玻璃参数　　　　　　　图 5-104　染色玻璃效果

（18）以"图层 6"图层为当前选择层。执行"选择"→"载入选区"菜单命令，在弹出的对话框中设置如图 5-105 所示的参数，单击"确定"按钮，调整选区位置，效果如图 5-106 所示。

图 5-105　"载入选区"对话框　　　　　　　图 5-106　载入选区效果

（19）执行"编辑"→"拷贝"→"粘贴"菜单命令，然后执行"图层"→"图层样式"→"斜面和浮雕"命令，在弹出的对话框中设置如图 5-107 所示的参数，单击"确定"按钮，效果如图 5-108 所示。

（20）激活椭圆选框工具，按住 Alt ＋ Shift 组合键，绘制圆形选区。执行"选择"→"反选"菜单命令，然后按 Delete 键，删除多余部分，效果如图 5-109 所示。

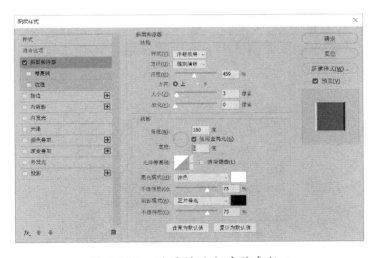

图 5-107　设置斜面和浮雕参数 3

图 5-108　斜面和浮雕效果 2　　　　　图 5-109　删除多余部分后的效果

（21）继续执行"反选"命令。设置前景色为 R:182、G:154、B:96，然后执行"编辑"→"描边"菜单命令，在弹出的对话框中设置如图 5-110 所示的参数，单击"确定"按钮，效果如图 5-111 所示。

（22）复制"图层 6"图层为"图层 6 拷贝"图层，关闭"图层 6 拷贝"图层待用。

（23）仍以"图层 6"图层为当前选择层，执行"编辑"→"变换"菜单中的相关命令，将其进行变形，效果如图 5-112 所示，使之底部与整体相吻合。

图 5-110　"描边"对话框　　　　图 5-111　描边效果　　　　图 5-112　变形效果

（24）将"图层 2"图层与"图层 3"图层、"图层 4"图层和"图层 6"图层合并为"图层 2"图层，然后分别复制"图层 2"图层与"图层 5"图层，形成二者的拷贝层。调整两个拷贝层的位置，形成两支并排的口红，如图 5-113 所示。

（25）以"图层 5 拷贝"图层为当前选择层，执行"图像"→"调节"→"色相/饱和度"菜单命令，在弹出的对话框中设置如图 5-114 所示的参数，单击"确定"按钮，效果如图 5-115 所示，另一支口红制作完毕。

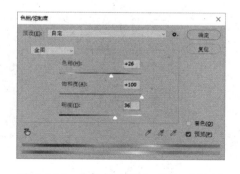

图 5-113　形成两支并排的口红　　图 5-114　"色相/饱和度"对话框　　图 5-115　调节效果

（26）使用同样的方法制作出第三支口红，效果如图 5-116 所示。依次合并每支口红相关的图层，形成独立的"图层 2"图层、"图层 3"图层和"图层 4"图层。打开"图层 1"图层，重新调整每支口红的角度与大小，效果如图 5-117 所示。

（27）此时可以看出画面构图仍有不足之处，需要在右下角添加一支口红，如图 5-118 所示，使用同样的方法完成这支口红下半部分的制作，并将"图层 7"图层打开，调整角度，如此画面视觉效果比较完整。

图 5-116 制作出第三支口红　图 5-117 调整口红的角度与大小　图 5-118 添加一支口红

（28）将 4 支口红所在图层合并为"图层 2"图层。打开素材图片，如图 5-119 所示，将其复制到图像中，并调整其大小，形成"图层 3"图层，如图 5-120 所示。注意，应将 4 支口红全部遮盖。

 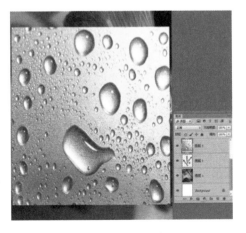

图 5-119 素材图片 2　　　　　　　　　　图 5-120 复制素材

（29）按住 Ctrl 键单击"图层 2"图层缩略图，载入选区，如图 5-121 所示。执行"选择"→"反选"菜单命令，然后按 Delete 键，删除多余的部分，效果如图 5-122 所示。

（30）修改图层混合模式为"叠加"，效果如图 5-123 所示。

（31）也可以将图层混合模式改为"柔光"。输入相应的文字，最终效果如图 5-124 所示。

图 5-121　载入选区

图 5-122　删除多余的部分

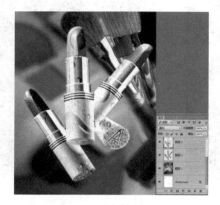

图 5-123　设置图层混合模式

图 5-124　最终效果

5.5　常用小技巧

路径工具（钢笔工具）是 Photoshop 中的重要工具，应用非常广泛。其主要用于创建光滑图像选择区域及辅助抠除图像背景，绘制光滑线条，勾勒图像边缘，定义画笔等工具的绘制轨迹。

（1）当使用勾画路径的方法制作图形轮廓时，建议不要使用"路径描边"方法，可以将路径转换为选区后再执行"描边"命令，这样可以减少锯齿的存在。

（2）按住 Alt 键，在路径面板中的垃圾桶图标上单击鼠标左键可直接删除路径。

（3）在使用其他路径工具时按住 Ctrl 键，鼠标光标会暂时变成直接选择工具。

（4）单击路径面板中的空白灰色区域可关闭所有路径的显示，但路径并没有被删除。

第6章　图标设计——图像变换、定义的应用

众所周知，图标设计在移动端 App 设计当中占有很大的比重。一个 App 的个性和风格基本可以从图标上看出来。手机在现代人的生活中越来越重要，手机中的应用也越来越多，使用的产品、功能都在逐步增多。随之而来的是手机界面越来越复杂，界面上所需要的按钮越来越多，如此就会出现很多时候单纯一个图标在语义上很难做到清晰且准确。如果达不到清晰且准确，那么就需要用户去思考及判断，无形中增加了体验过程的认知负荷，从而容易造成不愉快。

6.1　图标设计原则

当界面上的图标不容易被识别出来的时候，用户就会下意识地回避它们，也许很多时候你的用户就这样慢慢流失了。

在通常情况下，用户会无意识地选择采用一些固有的应用图标，如图 6-1 所示。因此在设计时，应从用户的角度思考如何将图标的功能清晰地呈现出来。图标设计应遵循以下几个原则：

① 使用的图标语义能 100% 准确清晰地表达出来。

② 尽量使用用户熟悉且有认知的图标语义。

③ 如果很难用直观的图标来表示文案的语义，请用"图标 + 文字"的形式。

④ 如果空间不足，无法同时使用"图标 + 文字"，请直接使用文字。

⑤ 遵从标准的数据规范。

图 6-1　固有的应用图标

移动端图标的绘制都有一个标准：保证界面效果的完美，同样要注意尺寸规范，符合用户的习惯。无论是 PC 端，还是移动端，都有一定的规范存在，尤其是移动端。规范和美不是并列关系，而是因果关系。如果设计的尺寸、字号、距离都是严格规范的，那么设计的界面一定是美的；反之，则一定不是美的。

6.2 图标设计趋势

1. 图标单体设计趋势

随着市场的变化，图标设计一改之前的拟物化风格，逐渐向极简风格过渡，如图 6-2 所示。拟物化设计具有很多优点，即认知和学习成本低，各种按钮的质感容易引起用户的共鸣。当然拟物化设计的缺点也显而易见，即需要花费大量的时间创作视觉的阴影和质感效果。而极简风格——扁平化设计的优点在于目前适合搭配一流的网络，其色彩设计让看久了拟物化设计的用户感觉焕然一新，减弱了各种渐变、阴影、高光等效果对用户的视觉干扰。优秀的扁平化设计能更好地保证合理的架构、网络和排版布局。但扁平化设计也被批评缺少人情味，较为冷漠。 总之，拟物化设计与扁平化设计在现代图标应用中平分秋色，扁平化设计朝着简单而精粹的方向进化，拟物化设计朝着高质逼真形象的方向发展。

图 6-2 iOS 时钟设计变化

2. 设计图标时要注意的问题

① 使用独特图形吸引用户。特殊的图形搭配适当的色彩能够吸引用户并很容易使其记住，以便用户再次识别它们，如图 6-3 所示。

图 6-3 使用独特图形设计的图标

② 慎用颜色。不要使用过多颜色，一种或两种即可，否则会显得没有主次之分，如图 6-4 所示。

图 6-4　使用过多颜色设计的图标

③ 避免或减少使用照片。尽量不要直接用照片做应用图标，会让人觉得没有重点，不够精致，如图 6-5 所示。

④ 避免大量使用文字。图标中不使用文字或少用文字，好的做法是使用符号或公司标志来设计，如图 6-6 所示。

图 6-5　使用照片设计的图标　　　　　图 6-6　使用符号或公司标志设计的图标

⑤ 准确传递信息。可以采用一些拟物化符号，让用户迅速了解图标的含义，如图 6-7 所示。

图 6-7　使用拟物化符号设计的图标

⑥ 富有创意。创意即破旧立新的创造，会让应用图标脱颖而出，如图 6-8 所示。

图 6-8　创意图标

⑦ 强调质感。

• 水晶透明质感图标：精致高雅，质感强烈，细腻美观。通常为表现出轻盈感，在绘制时多使用清新透亮的颜色，采用渐变的形式，合理利用高光，可以更好地显示其质感，如图 6-9 所示。

• 亚光质感图标：素雅、有质感，清晰明了。在绘制亚光质感图标时，多选用添加有灰度的色彩，采用轻微的颜色渐变形式，如图 6-10 所示。

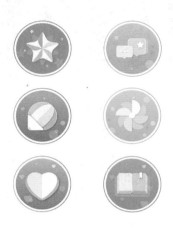

图 6-9　水晶透明质感图标

图 6-10　亚光质感图标

• 金属质感图标：风格硬朗，表现简洁，却内含细节。在绘制金属质感图标时，质感非常重要。渐变选用白色和深灰色两种相差较大的颜色，反复尝试渐变叠加，营造出金属质感，如图 6-11 所示。

图 6-11　金属质感图标

• 木质感图标：具有纹理，质感强烈。木质感图标具有一种厚重感，在制作时最需注意的就是木纹理的细节表现。木质给人以分量感，在绘制时通常都会添加阴影，如图 6-12 所示。

图 6-12　木质感图标

6.3　图标设计案例分析

本案例设计下面一组图标，如图 6-13 所示。

图 6-13　一组图标设计

1. 创意定位

图标的设计是一种典型的平面艺术文化，在手法和理念上设计师都会注重风格和表现主题，很多图标都包含大量的滑稽和前卫元素。人们常常谈到的拟物化设计手法，其核心就是利用一切装饰效果，如阴影、透视、纹理、渐变等，再现原有物体效果，表现出真实世界中的物体形态。拟物化设计的特点就是让体验者能较快地了解产品，同时使体验者与产品的交互方式也是在模拟现实生活中的使用过程，而所有的元素都取自于现实，都是运用现实生活中的物体或相关联的物体来体现的。

乔布斯在早期的人机界面中也指出："当应用中的可视化对象和操作按照现实世界中的对象和操作进行模仿时，用户就能快速领会如何使用它。"因此，拟物化风格的优势便是将原本包含较多现实元素的抽象内容具象化，使其更直观地传递给用户，降低学习成本，使用户易于接受，提高产品的认知度。

2. 所用知识点

在上面图标的设计中，主要用到了 Photoshop 2020 软件中的以下工具及命令。

- 椭圆工具。
- 矩形工具。
- 变形工具。
- 钢笔工具。
- 渐变工具。
- 图层样式命令。

3. 制作分析

该组图标的制作分为 4 个环节。

- 草图构思。

- 在制作过程中以椭圆工具、矩形工具、图层样式命令、渐变工具为主要工具（命令）创建图形。
- 调整形状图层之间的关系。
- 整合完成。

6.4　知识卡片

在通常情况下，变换图像命令主要指变换、自由变换命令，另外还包括内容识别比例、操控变形、自动对齐图层和自动混合图层命令，下面将分别讲解。

6.4.1　内容识别比例

在缩放操作中，缩放命令是对变形框内所有的图像进行统一比例的缩放，而利用"编辑"→"内容识别比例"命令对图像进行缩放，可在自动识别主要物体（如人物、动物及建筑物等）的情况下，对图像进行不同程度的缩放，尽量保持主要图像的原始比例。

执行"编辑"→"内容识别比例"菜单命令，此时该命令的属性栏如图 6-14 所示。

图 6-14　内容识别比例命令属性栏

- 数量：用于设置内容识别缩放与常规缩放的比例。
- 保护：可在右侧的选项框中选择要保护区域的 Alpha 通道，如果该文件中没有 Alpha 通道，则将显示"无"。
- 保护肤色按钮 ：激活此按钮，可以最大限度地保护含有肤色的区域，使之不进行缩放变换。

6.4.2　操控变形

操控变形功能提供了一种可视的网格，借助该网格，可以随意地扭曲特定图像区域，同时保持其他区域不变。

执行"编辑"→"操控变形"菜单命令，此时该命令的属性栏如图 6-15 所示。

图 6-15　操控变形命令属性栏

- 模式：确定网格的整体弹性。
- 密度：确定网格点的间距。较多的网格点可以提高精度，但处理时间会较长。
- 扩展：扩展或收缩网格的外边缘。
- 显示网格：勾选此复选框后，将在图像上显示网格。若取消勾选此复选框，则将只显示调整图钉，从而显示更清晰的变换预览。若要临时隐藏调整图钉，则可以按住 H 键，释放按键后将又显示调整图钉。

- 图钉深度：添加图钉后，单击右侧的两个按钮，可显示与其他网格区域重叠的网格区域。

- 旋转：设置要围绕图钉旋转网格。若要按固定角度旋转网格，则按住 Alt 键，将鼠标光标移动到图钉附近，但不要放到图钉上，当出现旋转圆圈时，拖动鼠标可以直观地旋转网格，旋转的角度会在文本框中显示出来。

- 移去所有图钉按钮🔄：单击此按钮，可将添加的图钉全部移除，使图像恢复到变形前的状态。若要移除选定图钉，则可按 Delete 键；若要移除其他各个图钉，则可将鼠标光标直接放在这些图钉上，然后按 Alt 键，当鼠标光标显示为剪刀符号时，单击即可。

在图层面板中，选择要变换的图层，然后执行"编辑"→"操控变形"菜单命令，此时将根据图像显示变形网格。在图像上单击，可以向要变换的区域和要固定的区域中添加图钉。在图钉上单击并调整位置，即可对图像进行变形调整。若要选择多个图钉，则可在按住 Shift 键的同时单击这些图钉。

✈ 范例操作——操控变形命令的应用

（1）打开原图，如图 6-16 所示。将瓶子复制后形成"图层 1"图层，以该图层为工作图层，执行"编辑"→"操控变形"菜单命令，效果如图 6-17 所示。有时为了便于观察，可在属性栏中取消勾选"显示网格"复选框。

（2）根据设计需要，将鼠标光标移动到图像上并依次单击，添加如图 6-18 所示的图钉。在添加图钉时，最好在各部位的拐点处添加，以利于图像扭曲变换。

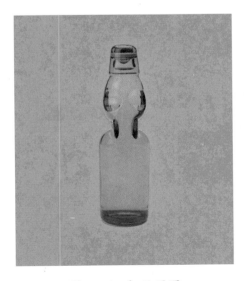

图 6-16　打开原图

图 6-17　进行操控变形后的效果

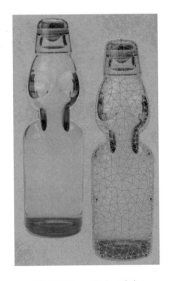

图 6-18　添加图钉

（3）将鼠标光标移动到不同的图钉上单击并拖动，如图 6-19 所示，调整完毕后单击✔按钮提交变形即可，效果如图 6-20 所示。

（4）使用同样的方法也可以将瓶颈弯曲变形，效果如图 6-21 所示。如果需要添加图钉，则可在任何时间内添加图钉或调整该图钉的位置。

图 6-19　移动图钉

图 6-20　提交变形后的效果

图 6-21　最终效果

6.4.3　变换 / 自由变换

这两个命令主要用来对选区或图层进行缩放、旋转、斜切、扭曲、透视、变形，以及水平和垂直镜像对象操作。其中，"自由变换"命令主要用于对象的缩放、旋转；而"变换"命令除具有以上两个功能外，还具有其他功能，而且每种变换都可改变中心点。下面以图 6-22 为参照，主要对执行斜切、扭曲、透视、变形命令后的效果进行对比，如图 6-23 ～图 6-26 所示。

图 6-22　素材图片

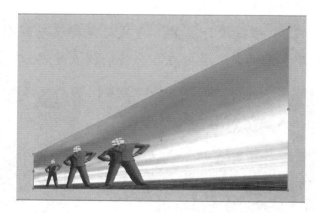

图 6-23　斜切效果

图 6-24　扭曲效果

图 6-25　透视效果

图 6-26　变形效果

6.4.4　自动对齐图层

自动对齐图层命令与"文件"→"自动"→"Photomerge"命令相似,可以根据不同图层中的相似内容(如角和边)自动对齐图层。可以指定一个图层作为参考图层,也可以让Photoshop 自动选择参考图层,其他图层将与参考图层对齐,以便匹配的内容能够自行叠加。

选择两个或两个以上的相似图层后,执行"编辑"→"自动对齐图层"菜单命令,将弹出如图 6-27 所示的"自动对齐图层"对话框,在该对话框中可以选择自动对齐图层的各种选项。

- 自动:选中该选项,Photoshop 可以自动分析图像并且选择最适合的图层对齐方式。
- 透视:选中该选项,可以通过将源图像中的一个图像指定为参考图像来创建一致的复合图像,然后对其他图像进行位置调整、伸展或斜切,从而匹配图层的重叠内容。
- 拼贴:选中该选项,可以对齐图层并匹配重叠内容,但不更改图像中对象的形状。
- 圆柱:选中该选项,可以在展开的圆柱上显示出各个图像,它将参考图像居中放置,适合创建全景图。

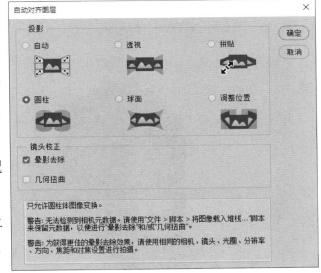

图 6-27　"自动对齐图层"对话框

- 球面:选中该选项,可以指定某个源图像作为参考图像,并对其他图像执行球面变换。
- 调整位置:选中该选项,可以对齐图层并匹配重叠内容,但不会变换任何源图层。
- 晕影去除:勾选该复选框,可以对导致图像边缘尤其是角落比图像中心暗的镜头缺陷进行补偿。
- 几何扭曲:勾选该复选框,可以补偿几何扭曲,如桶形、枕形或鱼眼失真等。

范例操作——自动对齐图层命令的应用

　　打开素材图片，如图 6-28 和图 6-29 所示，对图 6-28 中人物右脸上的眩光进行修复，可以利用图 6-29 中人物与其相似的效果进行处理。

图 6-28　素材 1

图 6-29　素材 2

　　（1）新建与图 6-28 等大的文件，然后将其复制至新建文件中，效果如图 6-30 所示。将另一张图片复制局部至该文件中，效果如图 6-31 所示（为便于观察，故意保留背景）。

图 6-30　复制素材 1

图 6-31　复制素材 2

　　（2）在新建图像的图层面板中，排列新图层，使包含要更正的内容的图层位于包含正确内容的图层的上方（为便于观察，此时两个图层的位置是颠倒的）。

　　（3）选择这两个新图层，执行"编辑"→"自动对齐图层"菜单命令，在弹出的对话框中设置如图 6-32 所示的参数，单击"确定"按钮，效果如图 6-33 所示。可以看到，Photoshop会查找每个图层中的公共区域，并将这些区域对齐，以便重叠相同的区域。

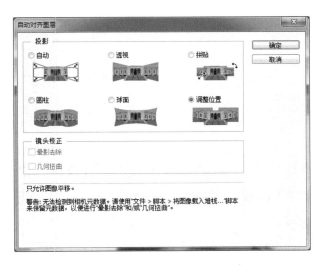

图 6-32 设置自动对齐图层参数

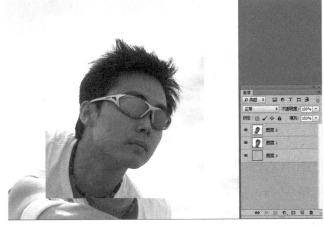

图 6-33 对齐效果

（4）改变图层上下位置关系，以"图层1"图层为当前选择层，执行"图层"→"图层蒙版"→"显示全部"命令，此时图层面板如图 6-34 所示。

（5）将前景色设置为黑色，设置画笔笔尖和大小，仔细修复，并在必要时进行放大，以专注于要更正的图像部分，效果如图 6-35 所示。

> **注意：** 使用画笔工具，通过在顶部图层上方进行绘画来添加图层蒙版。用黑色绘画将完全遮盖顶部图层；用灰度绘画将创建显现下方图层的部分透明度；用白色绘画将恢复顶部图层。

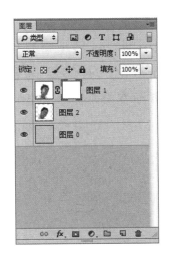

图 6-34 图层面板

图 6-35 最终效果

6.4.5 自动混合图层

通过 Photomerge 命令或自动对齐图层命令组合的图像，由于源图像之间的曝光度差异，可能导致组合图像中出现接缝或不一致的情况。执行"编辑"→"自动混合图层"命令，可在最终图像中生成平滑的过渡效果。

Photoshop 将根据需要对每个图层应用图层蒙版，以遮盖曝光过度或曝光不足的区域，从而创建出无缝组合的效果。

6.5 实例解析

6.5.1 猫头鹰计算器图标设计案例

（1）根据设计需要，新建文件夹，并命名为"计算器"。激活椭圆工具，设置属性栏中的绘图模式为"形状"，绘制一个大小为 600 像素 ×600 像素、自定义颜色的圆形，并将其置于背景中心，效果如图 6-36 所示。以该图层为当前选择层，按 Ctrl+T 组合键，如图 6-37 所示，选择属性栏中的变形工具，再选择"鱼眼"效果，调整弯曲值为"-40"，单击对勾按钮，然后旋转 45°，效果如图 6-38 所示。

图 6-36　绘制圆形

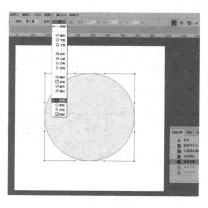
图 6-37　设置变形参数

图 6-38　鱼眼效果

（2）单击图层面板底部的"添加图层样式"按钮，在弹出的对话框中设置内阴影颜色为浅绿色（R：160、G：240、B：220），如图 6-39 所示；添加第二个内阴影，设置内阴影颜色为深绿色（R：10、G：140、B：140），如图 6-40 所示；设置渐变叠加颜色，渐变色为深绿色（R：15、G：160、B：150）到浅绿色（R：60、G：200、B：170），如图 6-41 所示，单击"确定"按钮，效果如图 6-42 所示。

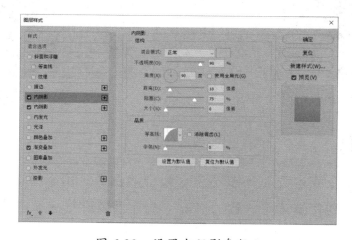
图 6-39　设置内阴影参数 1

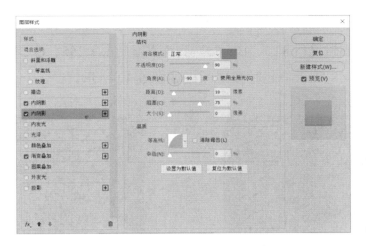

图 6-40 设置内阴影参数 2

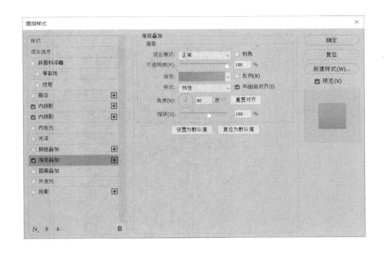

图 6-41 设置渐变叠加参数 1　　　　　图 6-42 样式效果

（3）激活椭圆工具，绘制一个大小为 400 像素 ×400 像素、自定义颜色的圆形，使其与"底框"图层中心对齐，命名该图层为"参考圆"，效果如图 6-43 所示。以该图层为参考图层，激活钢笔工具，在其属性栏中选择"形状"选项，勾画一个简约的猫头鹰轮廓，在绘制过程中可以先绘制一半，然后复制并镜像另一半，如图 6-44 所示，将两个图形对齐，效果如图 6-45 所示，命名该图层为"身体"。

图 6-43 绘制参考圆　　　　图 6-44 绘制并复制图形　　　　图 6-45 猫头鹰身体效果

（4）关闭"参考圆"图层，选中"身体"图层。单击图层面板底部的"添加图层样式"按钮，分别设置如图 6-46 和图 6-47 所示的参数，其中投影颜色设置为 R：0、G：0、B：0，渐变颜色设置为浅黄色（R：255、G：175、B：65）到深黄色（R：255、G：125、B：0），单击"确定"按钮，效果如图 6-48 所示。此时图层面板如图 6-49 所示。

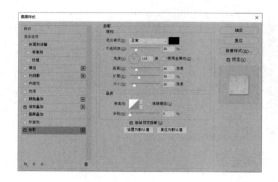

图 6-46　设置投影参数

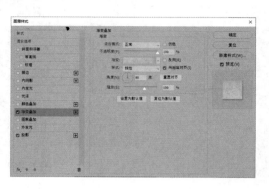

图 6-47　设置渐变叠加参数 2

图 6-48　添加图层样式后的效果

图 6-49　图层面板

（5）复制"身体"图层，并命名为"肚子"。右击该图层，在弹出的快捷菜单中选择"清除图层样式"选项。激活椭圆工具，如图 6-50 所示，选择"与形状区域相交"选项，绘制一个大小为 420 像素 ×250 像素的椭圆，如图 6-51 所示，其相交位置坐标设置如图 6-52 所示。

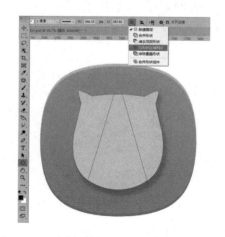

图 6-50　选择"与形状区域相交"选项

图 6-51　绘制椭圆

图 6-52　相交位置坐标设置

（6）选中"肚子"图层，单击图层面板底部的"添加图层样式"按钮，设置如图 6-53 和图 6-54 所示的参数，其中内阴影颜色设置为 R：215、G：120、B：8，渐变颜色设置为中黄色（R：255、G：200、B：120）到浅黄色（R：255、G：250、B：240），单击"确定"按钮，效果如图 6-55 所示。

（7）激活钢笔工具，绘制如图 6-56 所示的翅膀形状。单击图层面板底部的"添加图层样式"按钮，设置如图 6-57 所示的参数，其中渐变颜色设置为深褐色（R：255、G：200、B：120）到浅褐色（R：255、G：250、B：240），单击"确定"按钮。命名该图层为"左翅膀"。然后复制"左翅膀"图层，选择"水平翻转"选项，调整位置，并命名该图层为"右翅膀"，效果如图 6-58 所示。

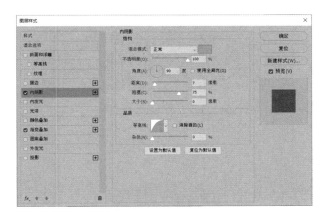

图 6-53　设置内阴影参数 3

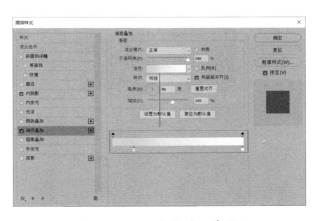

图 6-54　设置渐变叠加参数 3

图 6-55　肚子效果

图 6-56　绘制翅膀

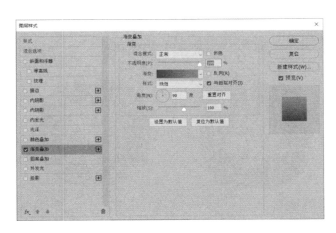

图 6-57　设置渐变叠加参数 4

图 6-58　翅膀效果

（8）激活椭圆工具，绘制一个大小为 110 像素 ×110 像素、自定义颜色的圆形，并命名该图层为"眼睛"，效果如图 6-59 所示。单击图层面板底部的"添加图层样式"按钮，设置如图 6-60 和图 6-61 所示的参数，其中描边颜色设置为 R：170、G：100、B：35，渐变颜色设置为浅黄色（R：255、G：235、B：175）到乳白色（R：255、G：250、B：240），单击"确定"按钮。复制该图层，按住 Shift 键，向右平移复制，调整两个圆形之间的距离，效果如图 6-62 所示。

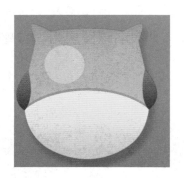

图 6-59　左眼睛效果

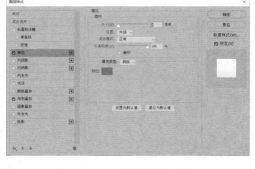

图 6-60　设置描边参数

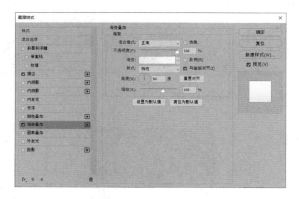

图 6-61　设置渐变叠加参数 5

图 6-62　眼睛效果

（9）激活矩形工具，绘制一个大小为 55 像素 ×12 像素，颜色为 R：175、G：100、B：135 的矩形，效果如图 6-63 所示。复制该图层，按住 Shift 键，向下平移一定距离，并命名图层为"等号"，效果如图 6-64 所示。激活文字工具，输入"？"符号，效果如图 6-65 所示。

（10）使用同样的方法，依次完成其他符号的输入，最终效果如图 6-66 所示。

图 6-63　绘制矩形

图 6-64　等号效果

图 6-65　问号效果

图 6-66　最终效果

6.5.2 导航图标设计案例

（1）根据设计需要，新建文件，并命名为"导航"。激活圆角矩形工具，绘制一个大小为500像素×500像素、倒角半径为90像素的圆角矩形，并填充任意色彩，效果如图6-67所示。

（2）单击图层面板底部的"添加图层样式"按钮，如图6-68～图6-70所示，分别设置渐变叠加、斜面和浮雕及投影参数，其中渐变颜色设置为深灰色（R：101、G：101、B：109）至白色，单击"确定"按钮，效果如图6-71所示。

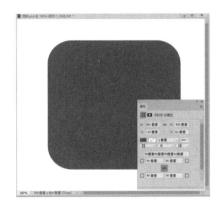

图 6-67　绘制圆角矩形并填充颜色

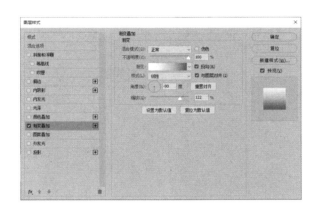

图 6-68　设置渐变叠加参数1

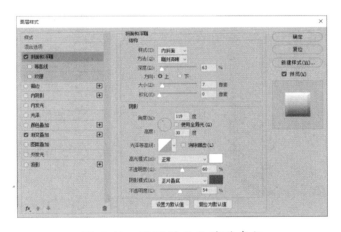

图 6-69　设置斜面和浮雕参数

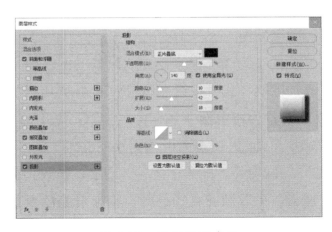

图 6-70　设置投影参数

图 6-71　样式效果

（3）激活椭圆工具，绘制一个大小为 397 像素 ×397 像素的圆，设置如图 6-72 所示的参数，其中渐变颜色设置为深灰色（R：101、G：101、B：109）至白色，单击"确定"按钮，效果如图 6-73 所示。此时图层面板如图 6-74 所示。

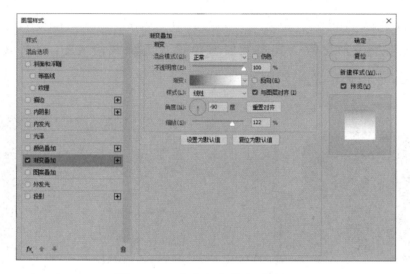

图 6-72　设置渐变叠加参数 2

图 6-73　渐变叠加效果 1

图 6-74　图层面板 1

（4）激活椭圆工具，绘制一个大小为 375 像素 ×375 像素、填充色为黑色的圆，使之与下层对象中心重合，效果如图 6-75 所示。

（5）继续绘制一个大小为 355 像素 ×355 像素的圆。单击图层面板底部的"添加图层样式"按钮，设置如图 6-76 所示的参数，其中渐变颜色设置为白色至灰色（R：75、G：75、B：75），效果如图 6-77 所示。此时图层面板如图 6-78 所示。

（6）复制"椭圆 3"图层为"椭圆 3 拷贝"图层，修改大小为 317 像素 ×317 像素，更改渐变叠加参数，将渐变颜色设置为灰色（R：75、G：75、B：75）至白色，效果如图 6-79 所示。

图 6-75　绘制黑色的圆

（7）继续绘制一个大小为266像素×266像素、填充色为深灰色（R：25、G：25、B：25）的圆。单击图层面板底部的"添加图层样式"按钮，设置如图6-80所示的参数，单击"确定"按钮，效果如图6-81所示。此时图层面板如图6-82所示。

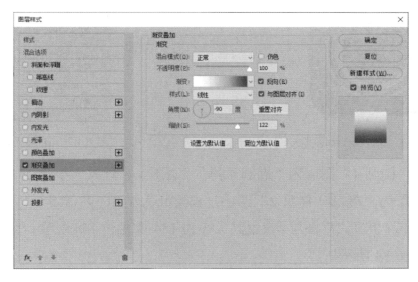

图 6-76 设置渐变叠加参数 3

图 6-77 渐变叠加效果 2

图 6-78 图层面板 2

图 6-79 渐变叠加效果 3

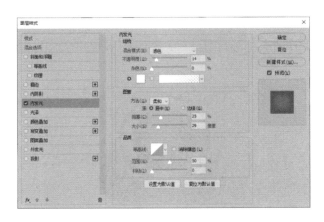

图 6-80 设置内发光参数 1

图 6-81　内发光效果 1

图 6-82　图层面板 3

（8）依次复制"椭圆 4"图层为"椭圆 4 拷贝"图层，设置其大小为 233 像素 ×233 像素；复制"椭圆 4"图层为"椭圆 4 拷贝 2"图层，设置其大小为 198 像素 ×198 像素；复制"椭圆 4"图层为"椭圆 4 拷贝 3"图层，设置其大小为 154 像素 ×154 像素，效果如图 6-83 所示。此时图层面板如图 6-84 所示。

图 6-83　多次复制后的效果

图 6-84　图层面板 4

（9）激活多边形工具，绘制如图 6-85 所示的三角形形状，将填充色设置为绿色（R：44、G：144、B：4）。

（10）激活直接选择工具，调整三角形形状，如图 6-86 所示。单击图层面板底部的"添加图层样式"按钮，设置如图 6-87 所示的参数，单击"确定"按钮，效果如图 6-88 所示。

图 6-85　绘制三角形形状

图 6-86　调整三角形形状

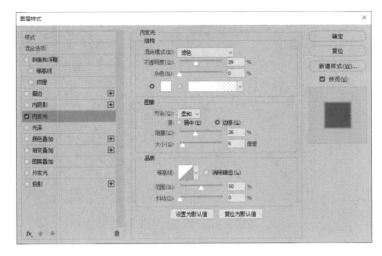

图 6-87　设置内发光参数 2

图 6-88　内发光效果 2

（11）使用同样的方法绘制如图 6-89 所示的形状，然后复制图层样式并粘贴即可。复制该图层并执行"水平翻转"命令，调整角度，效果如图 6-90 所示。

图 6-89　绘制形状

图 6-90　最终效果

6.5.3　相机图标设计案例

（1）根据设计需要，新建文件夹并命名为"相机"。设置背景色为白色。

（2）激活圆角矩形工具，绘制一个大小为 600 像素 ×600 像素、倒角半径为 80 像素、颜色自定的圆角矩形，放置到画面中央（X：200、Y：200），效果如图 6-91 所示，命名该图层为"底框"。

（3）单击图层面板底部的"添加图层样式"按钮，分别设置如图 6-92 ～图 6-94 所示的参数；其中，第一个内阴影颜色设置为 R：255、G：220、B：150，第二个内阴影颜色设置为 R：240、G：150、B：15，渐变颜色设置为深黄色（R：250、G：170、B：50）到浅黄色（R：250、G：205、B：100），单击"确定"按钮，效果如图 6-95 所示。

（4）激活椭圆工具，绘制一个大小为 400 像素 ×400 像素、颜色自定的圆形，且与下层圆角矩形中心对齐，效果如图 6-96 所示，命名该图层为"圆环"。

图 6-91　绘制圆角矩形形状

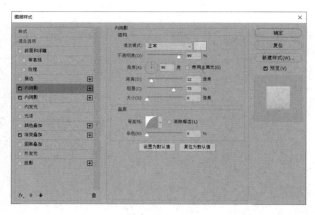

图 6-92　设置内阴影参数 1

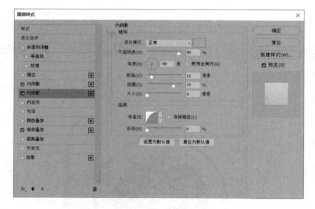

图 6-93　设置内阴影参数 2

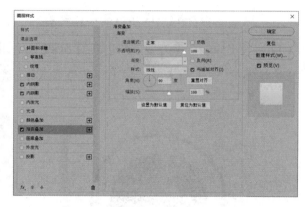

图 6-94　设置渐变叠加参数 1

图 6-95　图层样式效果 1

图 6-96　绘制圆形 1

（5）按照图 6-97 所示选中该图层，激活椭圆工具，在其属性栏中选择"减去顶层形状"选项，绘制一个大小为 312 像素 ×312 像素的圆环，效果如图 6-98 所示。

（6）以"圆环"图层为当前选择层，单击图层面板底部的"添加图层样式"按钮，设置如图 6-99 ～图 6-101 所示的参数；其中，内阴影颜色设置为纯白色，渐变颜色设置为中灰色（R：202、G：190、B：168）到浅灰色（R：245、G：235、B：225）再到中灰色（R：205、G：200、B：190），单击"确定"按钮，效果如图 6-102 所示。

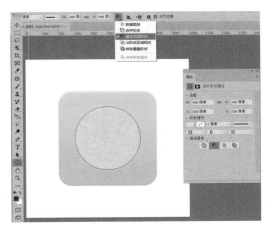

图 6-97　减去顶层形状

图 6-98　圆环效果

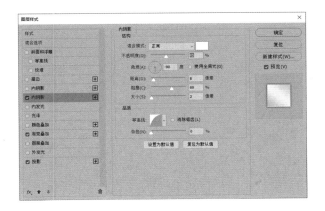

图 6-99　设置内阴影参数 3

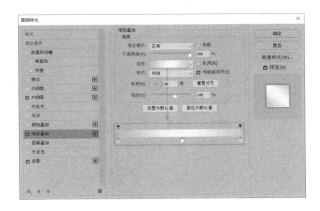

图 6-100　设置渐变叠加参数 2

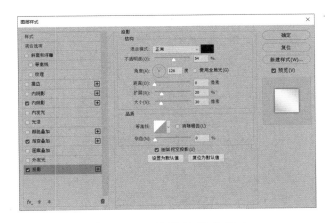

图 6-101　设置投影参数 1

图 6-102　图层样式效果 2

（7）激活椭圆工具，绘制一个大小为 312 像素 ×312 像素、颜色自定的圆形，且与下层圆环中心对齐，并命名该图层为"椭圆"，效果如图 6-103 所示。单击图层面板底部的"添加图层样式"按钮，设置如图 6-104 ～图 6-106 所示的参数；其中，第一个内阴影颜色设置为 R：155、G：115、B：45，第二个内阴影颜色设置为 R：240、G：220、B：170，渐变颜色设置为深黄色（R：242、G：150、B：20）到浅黄色（R：250、G：220、B：120），单击"确定"按钮，效果如图 6-107 所示。此时图层面板如图 6-108 所示。

图 6-103　绘制圆形 2

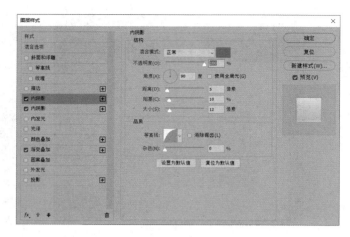

图 6-104　设置内阴影参数 4

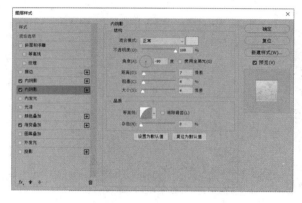

图 6-105　设置内阴影参数 5

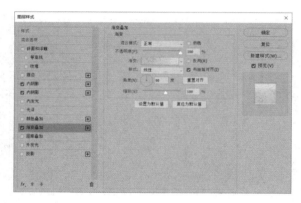

图 6-106　设置渐变叠加参数 3

图 6-107　图层样式效果 3

图 6-108　图层面板 1

（8）激活椭圆工具，绘制一个大小为 280 像素 ×280 像素，颜色为 R：25、G：25、B：25 的圆形，且与下层圆形中心对齐，并命名该图层为"椭圆 1"，效果如图 6-109 所示。

（9）以"椭圆 1"图层为当前选择层，激活矩形工具，如图 6-110 所示，选择"减去顶层形状"选项，绘制一个大小为 260 像素 ×130 像素的矩形，减去"椭圆 1"上部一半，效果如图 6-111 所示。单击图层面板底部的"添加图层样式"按钮，设置如图 6-112 所示的参数，其中内阴影颜色设置为 R：188、G：188、B：188，单击"确定"按钮，效果如图 6-113 所示。

图 6-109　绘制圆形 3　　　　图 6-110　选择"减去顶层形状"选项　　　图 6-111　半圆效果

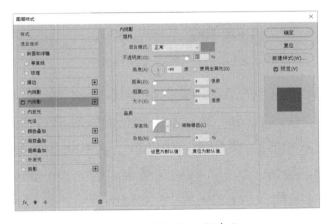

图 6-112　设置内阴影参数 6　　　　　　　　图 6-113　椭圆 1 内阴影效果

（10）复制"椭圆 1"图层为"椭圆 2"图层，用鼠标右键单击该图层，在弹出的快捷菜单中选择"清除图层样式"选项，修改"椭圆 2"大小为 260 像素 ×260 像素，填充颜色为 R：36、G：36、B：35。单击图层面板底部的"添加图层样式"按钮，设置如图 6-114 所示的参数，其中内阴影颜色设置为 R：188、G：188、B：188，单击"确定"按钮，效果如图 6-115 所示。

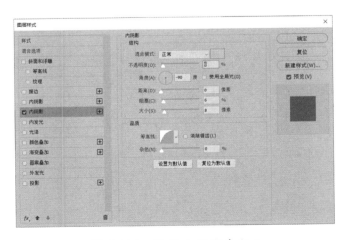

图 6-114　设置内阴影参数 7　　　　　　　　图 6-115　椭圆 2 内阴影效果

（11）复制"椭圆 2"图层为"椭圆 3"图层，用鼠标右键单击该图层，在弹出的快捷菜单中选择"清除图层样式"选项，修改"椭圆 3"大小为 220 像素 ×220 像素，填充颜色为 R：52、G：50、B：46。单击图层面板底部的"添加图层样式"按钮，设置如图 6-116 所示的参数，其中投影颜色设置为 R：0、G：0、B：0，单击"确定"按钮，效果如图 6-117 所示。

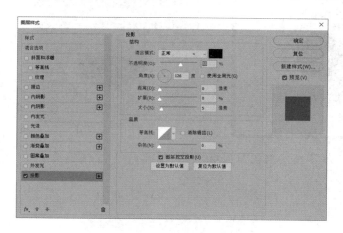

图 6-116　设置投影参数 2

图 6-117　椭圆 3 投影效果

（12）复制"椭圆 3"图层为"椭圆 4"图层，使用同样的方法清除图层样式，修改"椭圆 4"大小为 165 像素 ×165 像素，填充颜色为 R：26、G：24、B：26。单击图层面板底部的"添加图层样式"按钮，设置如图 6-118 和图 6-119 所示的参数，其中内阴影颜色设置为 R：200、G：125、B：255，投影颜色设置为 R：0、G：0、B：0，单击"确定"按钮，效果如图 6-120 所示。

（13）复制"椭圆 4"图层为"椭圆 5"图层，使用同样的方法清除图层样式，修改"椭圆 5"大小为 110 像素 ×110 像素，填充颜色为 R：26、G：26、B：26。单击图层面板底部的"添加图层样式"按钮，设置如图 6-121 所示的参数，其中描边颜色设置为 R：0、G：0、B：0，单击"确定"按钮，效果如图 6-122 所示。此时图层面板如图 6-123 所示。

（14）激活钢笔工具，在"椭圆 4"下方勾勒一个月牙形状，填充颜色设置为 R：145、G：110、B：180，效果如图 6-124 所示，命名该图层为"反光 1"。执行"滤镜"→"模糊"→"高斯模糊"菜单命令，设置半径为 4.0 像素，单击"确定"按钮，效果如图 6-125 所示。

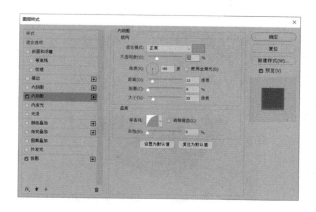

图 6-118　设置内阴影参数 8

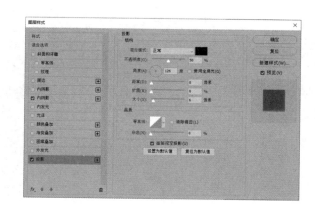

图 6-119　设置投影参数 3

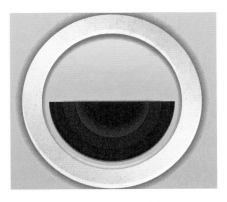

图 6-120　椭圆 4 样式效果

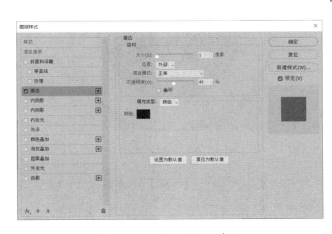

图 6-121　设置描边参数

图 6-122　椭圆 5 描边效果

图 6-123　图层面板 2

图 6-124　绘制月牙形状

图 6-125　模糊效果

（15）复制"反光 1"图层，适当缩小并移至"椭圆 5"图层下方，命名该图层为"反光 2"。将"反光 2"的填充颜色设置为 R：170、G：170、B：170，高斯模糊半径设置为 6.0 像素，单击"确定"按钮，效果如图 6-126 所示。

（16）激活椭圆工具，在"反光 2"旁边绘制一个大小为 12 像素 ×12 像素，颜色为 R：255、G：255、B：255 的圆。执行"高斯模糊"命令，设置半径为 4.0 像素，效果如图 6-127 所示。

图 6-126　反光 2 效果

图 6-127　高光效果

（17）复制"反光 1"图层，将其旋转 135°并放置于"椭圆"的左上方，效果如图 6-128 所示，命名该图层为"反光 3"。设置填充颜色为 R：255、G：255、B：255，设置高斯模糊半径为 10 像素，效果如图 6-129 所示。

图 6-128　反光 3 的位置

图 6-129　反光 3 效果

（18）激活矩形工具，在"底框"图层上方绘制一个大小为 125 像素 ×90 像素，填充颜色为 R：25、G：25、B：25 的矩形，然后在矩形上下添加锚点并进行调整，效果如图 6-130 所示，命名该图层为"黑带 1"。

（19）复制"黑带 1"图层为"黑带 2"图层，执行"水平翻转"命令，将"黑带 1"和"黑带 2"移动到如图 6-131 所示的位置。

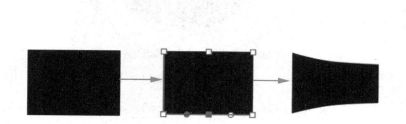

图 6-130　黑带 1 变形过程

图 6-131　黑带效果

（20）激活矩形工具，在图层最上方绘制一个大小为 276 像素 ×5 像素，颜色为 R：10、G：10、B：10 的矩形，将其与"椭圆 1"上方对齐，效果如图 6-132 所示。图标最终效果如图 6-133 所示。

图 6-132　绘制矩形

图 6-133　图标最终效果

6.6　相关知识链接

图标是具有指代意义的、具有标识性质的图形，它不仅是一种图形，更是一种标识，具有高度浓缩并快捷传达信息、便于记忆的特性。图标历史久远，从上古时代的图腾，到现在具有更多含义和功能的各种图标，其应用范围极为广泛，可以说无所不在。

6.6.1　图标的功能

（1）图标是与其他网站相互链接及让其他网站相互链接的标志和门户。

Internet 之所以叫作"互联网"，是因为各个网站之间可以相互连接。要让其他用户进入你的网站，前提是必须提供一个让其进入的门户。而标志是一个企业或网站的形象，标志设计将具体的事物、事件、场景和抽象的精神、理念、方向通过特殊的图形固定下来，使人们在看到标志的同时，自然地产生联想，从而对企业产生认同感。

（2）图标是网站形象的重要体现。

每个成功人士对自己的名片都有严格要求，因为其代表着自己或企业的形象。而对于网站而言，图标的形象设计即网站的名片。特别是对于一个追求精美的网站来说，图标更是它的灵魂所在，即所谓的"点睛"之处。图标代表着企业的形象，是企业日常经营活动、广告宣传、文化建设、对外交流必不可少的元素。

（3）图标能使受众便于选择。

一个好的图标往往会反映网站及企业的某些信息，特别是对于一个商业网站来说，可以从中了解该网站的类型或内容。在一个布满各种图标的链接页面中，图标的设计效果会突出地表现出来。试想，浏览者要在众多的网页中寻找自己想要的特定内容的网站时，一个能代表该网站的类型和内容的图标是多么重要。

6.6.2　图标设计要素

1. 常见图标的标准尺寸

图标的尺寸通常有以下几种：

16 像 素 ×16 像 素、24 像 素 ×24 像 素、32 像 素 ×32 像 素、48 像 素 ×48 像 素、64 像素 ×64 像素、128 像素 ×128 像素、256 像素 ×256 像素。

图标过大会占用界面空间过多，过小则又会降低精细度，具体使用多大尺寸的图标，常常根据界面的需求而定。

2. 图标的常用格式

① PNG 格式：无损压缩格式，支持透明，兼顾图像质量和文件大小。需要注意的是，PNG 格式在网页中，IE 6.0 及之前的所有版本不支持透明和半透明。

② GIF 格式：网页图片常用格式，支持透明，优点是压缩的文件小，支持 GIF 动画；缺点是不支持半透明，最多只能显示 256 种颜色，透明图标的边缘会有锯齿。要解决此问题，必须在存储为此格式时，添加相同背景色的杂边，比较麻烦。

③ JPG 格式：有损压缩格式，优点是文件小，图像颜色丰富；缺点是不支持透明和半透明。

④ ICO 格式：Windows 系统的图标文件格式，支持多通道透明，支持 32 位真彩色。可以使用 IconWorkshop 软件把 PNG、GIF、JPG 等格式的图标转换成 ICO 格式。

⑤ ICNS 格式：Macintosh 系统中独特支持的格式，仅限于此系统。

第7章 装帧设计——修复工具、图章工具、修饰工具的应用

书籍装帧设计指书的整体设计。它包括很多内容，其中封面设计、扉页设计和插图设计是其三大主题设计要素。封面设计是书籍装帧设计艺术的门面，书中扉页犹如门面里的屏风，而插图设计则是书籍内容的一个重要因素。

一般来说，在构思书的整体结构和风格时，要把握好方向，确认是儿童书籍还是成人书籍，是商业用书还是公益用书，是做经折装还是做精装书，其封面、封底、环衬、扉页、护封、腰封、内容页、版权页等都要围绕这个主题来设计，要有统一的格调，如此才能达到理想的艺术效果。

7.1 装帧设计案例分析

1. 创意定位

如图 7-1 所示，该书籍是一本描写兔子聪明才智的画册，以卡通形象出现，尽可能地使孩子们感受到轻松愉快，带来更多的艺术享受和精神享受。此书在封面设计上始终围绕这一主题，来突出一种轻松、简单、愉快的感觉。这样的设计也是为了配合书中的内容和当初设计此书想要达到的某种艺术效果。

既然书籍的主题是表现梦想，那么无论是图形还是色彩，都要表现得像梦一样轻盈。

图 7-1 儿童书籍装帧设计

2．所用知识点

在上面的商业插图（图 7-1）中，主要用到了 Photoshop 2020 软件中的以下工具及命令。

- 自定形状工具。
- 滤镜命令。
- 加深、减淡工具。
- 钢笔工具。
- 图像调整命令。

3．制作分析

此书籍装帧设计分为 4 个环节，分别为草图、制作封面、调整、立体整合。

- 草图：主要构思卡通的基本造型，可以通过手绘草图完成。
- 制作封面：运用了自定形状工具、路径工具、画笔工具、加深工具、减淡工具等。
- 调整：运用了图像调整命令、加深工具等。
- 立体整合：运用了直线工具、图层样式命令等。

7.2　知识卡片

修复与修饰工具是 Photoshop 中非常精彩的一部分内容，利用修复工具可以将有缺陷（如闭眼、有多余人物等）的照片进行修复，也可以将操作不满意的图像进行还原；而利用修饰工具可对图像进行模糊、锐化、涂抹、减淡、加深及去色和加色等效果的添加。本章将详细讲解每一种工具的功能及使用方法。

7.2.1　修复工具组

利用修复工具可以轻松修复破损或有缺陷的图像，如果想去除照片中多余或不完整的区域，那么利用相应的修复工具也可以轻松完成。

修复工具组中包括污点修复画笔工具 、修复画笔工具 、修补工具 、内容感知移动工具 和红眼工具 ，利用这 5 种工具可修复有缺陷的对象。

1．污点修复画笔工具

利用该工具可以快速去除照片中的污点，尤其是对人物面部的疤痕、雀斑等小面积范围内的缺陷修复最为有效。其修复原理是在所修复图像位置的周围自动取样，然后将其与所修复位置的图像融合，得到理想的颜色匹配效果。

激活污点修复画笔工具，如图 7-2 所示，在属性栏中设置合适的画笔大小和选项，然后在图像的污点位置单击即可去除污点。

图 7-2　污点修复画笔工具属性栏

（1）内容移动识别按钮：激活该按钮后，可合成附近的内容，以便与周围的内容无缝混合。

（2）创建纹理按钮：激活该按钮后，在修复图像缺陷后会自动生成一层纹理。

（3）近似匹配按钮：激活该按钮后，将自动选择相匹配的颜色来修复图像的缺陷。

（4）对所有图层取样按钮：激活该按钮后，可以在所有可见图层中取样。若取消激活该按钮，则只对当前图层取样。

范例操作——污点修复画笔工具的应用

（1）打开素材图片，如图 7-3 所示，可以看到人物面部有一条疤痕。

（2）激活放大镜工具，将疤痕处放大，以便更精确地查看和修复图像。

（3）激活污点修复画笔工具，在属性栏中设置如图 7-4 所示的笔头，类型选择"近似匹配"。

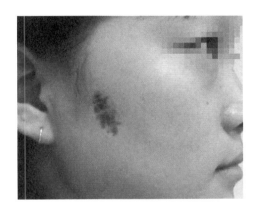

图 7-3　素材图片

图 7-4　设置笔头

（4）将鼠标光标指向疤痕附近的位置，选取修复后的肤色并单击，然后将笔头指向要修复的疤痕位置，如图 7-5 所示，第一次拖曳鼠标，效果如图 7-6 所示。

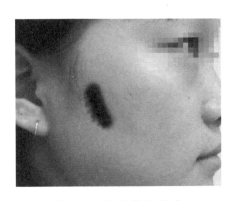

图 7-5　按住鼠标拖曳

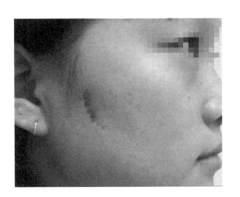

图 7-6　松开鼠标后的效果

（5）继续拖曳鼠标，有秩序地从右往左修复，效果如图 7-7 所示。继续修复鼻梁附近的崔斑，注意画笔笔头大小的调整，通常笔头要比修复对象的直径略大，最终效果如图 7-8 所示。

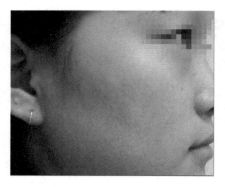

图 7-7 修复疤痕效果

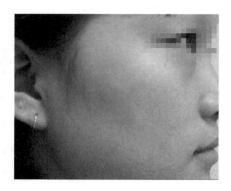

图 7-8 修复雀斑效果

2. 修复画笔工具

该工具与污点修复画笔工具的修复原理相似，都是将目标位置没有缺陷的图像与被修复位置有缺陷的图像进行融合后得到理想的匹配效果。但在使用修复画笔工具时需要先设置取样点，即按住 Alt 键，在取样点位置单击，确定为复制图像的取样点，松开 Alt 键，在需要修复的对象位置按住鼠标左键拖曳光标，即可修复图像中的缺陷位置，并使修复后的图像与取样点位置的图像的纹理、光照、阴影和透明度相匹配，从而使修复后的图像不留痕迹地融入图像中。该工具对于较大面积的图像缺陷修复非常有效。

激活修复画笔工具，其属性栏如图 7-9 所示。

图 7-9 修复画笔工具属性栏

（1）切换仿制源面板按钮 ：单击该按钮，可以打开 / 关闭仿制源面板，如图 7-10 所示。在仿制源面板中可以同时设置 5 个不同的样本源，并且还可以显示样本源的叠加，以帮助用户在特定位置仿制源。还可以缩放或旋转样本源，以特定的大小和方向进行复制，使其更好地与图像文件相匹配。

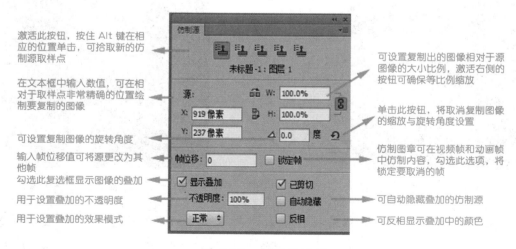

图 7-10 仿制源面板

（2）取样：选中该单选按钮，然后按住 Alt 键在适当位置单击，可以将该位置的图像定义为取样点，以便用定义的样本来修复图像。

（3）图案：选中该单选按钮，可以在其右侧打开的图案列表中选择一种图案与图像混合，得到图案混合的修复效果。

（4）对齐：勾选该复选框后，将进行规则图像的复制，即多次单击或拖曳鼠标光标，最终能够复制出一个完整的图像，若想再复制一个相同的图像，则必须重新取样。若取消勾选该复选框，则进行不规则图像的复制，即多次单击或拖曳鼠标光标，每次都会在相应位置复制一个新图像。

3．修补工具

利用修补工具可以用图像中相似的区域或图案来修复有缺陷的部位或制作合成效果。其与修复画笔工具一样，将设定的样本纹理、光照和阴影与被修复图像区域进行混合以得到理想的效果。

激活修补工具，其属性栏如图 7-11 所示。

图 7-11　修补工具属性栏

（1）源：选中该选项，将用图像中指定位置的图像来修复选区内的图像，即将鼠标光标放置在选区内，将其拖曳到用来修复图像的指定区域，释放鼠标左键后会自动用指定区域的图像来修复选区内的图像。

激活修补工具，如图 7-12 所示，选择疤痕，按住鼠标左键将其拖曳至相应位置，如图 7-13 所示，可以看到拖曳过程中纹理的变化，松开鼠标左键，效果如图 7-14 所示。

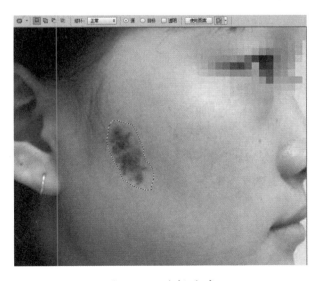

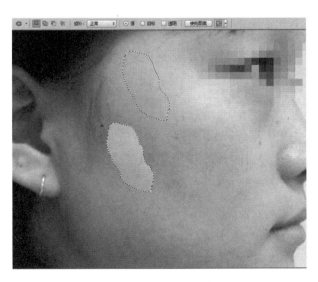

图 7-12　选择疤痕　　　　　　　　　　图 7-13　拖曳疤痕

（2）目标：选中该选项，将用选区内的图像修复图像中的其他区域，即将鼠标光标放置在

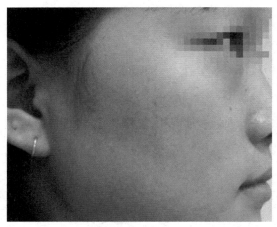

图 7-14　修补效果

选区内，将其拖曳到用来修复的位置，释放鼠标左键后会自动用选区内的图像来修复鼠标释放处的图像。

（3）透明：勾选该复选框后，在复制图像时，复制的图像将产生透明效果；若取消勾选该复选框，则复制的图像将覆盖原来的图像。

（4）使用图案：在图案选项窗口中选择一个图案后，单击该按钮，可以使用选择的图案修复选区内的图像。如果需要修复的对象为规则图形，则可以先运用选区工具绘制规则选区，然后激活修补工具，选择合适的图案后，单击"使用图案"按钮即可完成修复。

4．内容感知移动工具

使用内容感知移动工具可以选择和移动图片的一部分。图像重新组合，留下的空洞使用图片中的匹配元素进行填充。不需要进行涉及图层和复杂选择的周密编辑。其属性栏如图 7-15 所示。

图 7-15　内容感知移动工具属性栏

可以在两种模式中使用内容感知移动工具。

- 移动模式：将对象置于不同的位置（在背景相似时最有效）。
- 扩展模式：扩展或收缩头发、树或建筑物等对象。若要完美地扩展建筑对象，请使用在平行平面（而不是以一定角度）拍摄的照片。

结构：针对结果反映的图案与现有图像图案的接近程度选择值。

5．红眼工具

当在夜晚或光线较暗的房间里拍摄人物照片时，由于视网膜的反光作用，往往会出现红眼效果。利用该工具可以迅速地修复这种红眼效果。在使用时，在工具属性栏中设置合适的"瞳孔大小""变暗量"参数后，在人物的红眼位置单击即可校正红眼。

激活红眼工具，其属性栏如图 7-16 所示。

（1）瞳孔大小：用于设置增大或减小受红眼工具影响的区域。

图 7-16　红眼工具属性栏

（2）变暗量：用于设置校正的暗度。

7.2.2　图章工具组

图章工具组中包括仿制图章工具⚓️和图案图章工具⚓️。

1．仿制图章工具

仿制图章工具用来在图像中复制信息，然后应用到其他区域或其他图像上。该工具还经常被用来修复图像中的缺陷。

激活仿制图章工具，其属性栏如图 7-17 所示。

图 7-17　仿制图章工具属性栏

① 切换画笔面板按钮🖌️：单击该按钮，可以打开 / 关闭画笔面板。

② 切换仿制源面板按钮🖼️：单击该按钮，可以打开 / 关闭仿制源面板。

③ 不透明度：用于设置复制图像时的不透明度。

④ 控制压力按钮🖌️：激活此按钮，在使用绘图板绘制图形时，可以通过绘图板来控制不透明度。

⑤ 流量：决定仿制图章工具在绘画时的压力大小。数值越小，画出的线条颜色越浅。

⑥ 喷枪样式按钮🖌️：激活此按钮，在使用仿制图章工具仿制图像时，复制的图像会因鼠标光标的停留而向外扩展。画笔笔头的硬度越小，效果越明显。

在使用仿制图章工具时，按住 Alt 键在要复制的图像上单击进行取样，然后移动鼠标光标至合适的位置并拖动，即可复制出取样的图像。若要在两个文件之间复制图像，则两个图像文件的色彩模式必须一致，否则将不可进行复制操作。

✈️ 范例操作——仿制图章工具的应用

（1）打开素材，如图 7-18 所示。执行"图像"→"画布大小"菜单命令，在弹出的对话框中设置如图 7-19 所示的参数，单击"确定"按钮，即可将画布尺寸放大。

图 7-18　打开素材 1

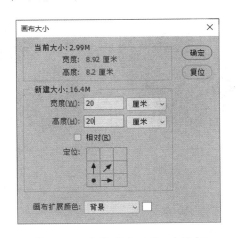

图 7-19　"画布大小"对话框

（2）激活仿制图章工具，设置相应的参数。以背景层为当前选择层，按住 Alt 键单击梨的某个取样点，新建"图层 1"图层，依照构思按住鼠标左键拖曳，此时可以发现取样点变成了"+"号，而且始终与鼠标光标保持等距离的坐标参数，效果如图 7-20 所示。继续改变参数，并从背景层设定取样点，效果如图 7-21 所示，观察二者可以发现只是坐标参数发生了变化，而图形并没有发生变形。

图 7-20　设定参数 1　　　　　　　　　　　　　　图 7-21　拖曳效果

（3）打开素材，如图 7-22 所示。激活仿制图章工具，按住 Alt 键单击苹果的某个取样点，然后激活另一个文件，在图层中拖曳鼠标，效果如图 7-23 所示。改变参数，同样可以在两个文件之间完成复制过程，效果如图 7-24 所示。

图 7-22　打开素材 2　　　　　图 7-23　设定参数 2　　　　　图 7-24　复制效果

2. 图案图章工具

使用图案图章工具可以利用 Photoshop 为大家提供的图案进行绘画，也可以利用自己定义的图案进行绘画。激活图案图章工具，其属性栏如图 7-25 所示。

图 7-25　图案图章工具属性栏

① "模式""不透明度""流量""喷枪样式"等选项的作用与仿制图章工具属性栏中的选项相同。

② 印象派效果：勾选该复选框后，可以使图案图章工具模拟出印象派效果的图案。

在使用图案图章工具时，只需在属性栏中选择一个图案，再在画面中单击或拖动鼠标即可绘制选择的图案。

在许多时候，软件自带的图案并不能满足设计需要，因此需要用户自己设计图案来满足客户的要求。

范例操作——图案图章工具的应用

（1）打开原图，如图 7-26 ～图 7-28 所示。以图 7-27 为当前文件，激活工具箱中的魔棒工具，选择背景层，如图 7-29 所示。

图 7-26　原图 1

图 7-27　原图 2

图 7-28　原图 3

图 7-29　选择背景层

（2）双击背景层，将其转换为普通图层，按 Delete 键删除背景色，效果如图 7-30 所示。取消选区，按 Ctrl+T 组合键将对象缩小至合适尺寸，效果如图 7-31 所示。

图 7-30　删除背景色　　　　　　　　　　　　　　图 7-31　调整对象大小

（3）激活矩形选框工具，将缩小后的对象进行框选。执行"编辑"→"定义图案"菜单命令，弹出如图 7-32 所示的对话框，单击"确定"按钮即可定义图案。将图像定义为图案后，定义的图案即显示在图案选项窗口中，如图 7-33 所示。以图 7-26 为当前文件，激活图案图章工具，在其属性栏中的图案选项窗口中选择刚刚定义的图案，取消勾选"对齐"复选框。

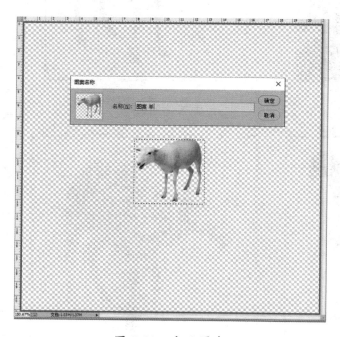

图 7-32　定义图案　　　　　　　　　　　　　　图 7-33　选择定义的图案

（4）移动鼠标光标至原始文档窗口中并拖动，即可绘制出如图 7-34 所示的图案效果。

使用同样的方法将图7-28设置为图案，并调整大小，绘制如图7-35所示的牧民丰收效果。在使用图案图章工具的过程中，有时会出现多余的内容，可以使用历史记录画笔工具修复，大家不妨尝试一下。

图7-34　绘制图案效果　　　　　　　　图7-35　绘制牧民丰收效果

7.2.3　历史记录画笔工具组

历史记录画笔工具组中包括历史记录画笔工具和历史记录艺术画笔工具。

1. 历史记录画笔工具

使用该工具可以使修复后的图像恢复到该文件最后一次保存时的效果。其属性栏与画笔工具相同。使用时首先设置好笔头的大小、形状，然后按住鼠标左键在需要修正的位置拖曳即可。但是，在使用该工具之前，不要更改图像文件的大小。

2. 历史记录艺术画笔工具

激活该工具，如图7-36所示，在其属性栏中可以设置不同的绘画样式、大小和容差，用不同的色彩和艺术风格模拟绘画的纹理，达到对图像进行处理的目的。

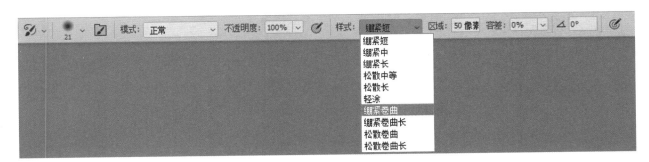

图7-36　历史记录艺术画笔工具属性栏

① 样式：用于设置历史记录艺术画笔工具的艺术风格。

② 区域：指历史记录艺术画笔工具所产生艺术效果的感应区域。数值越大，产生艺术效果的区域越广，反之越小。

③ 容差：限定原图像色彩的保留程度。数值越大，与原图像越接近。

范例操作——历史记录画笔工具的应用

图 7-37 所示为创作前后同一幅作品的景深效果对比，变化后的作品重点在于如何突出表现中间的两朵花朵。

图 7-37　景深效果对比

（1）打开素材，如图 7-38 所示。激活快速选择工具，将其中的局部添加选区，效果如图 7-39 所示。

图 7-38　打开素材

图 7-39　选择局部

（2）执行"选择"→"存储选区"菜单命令，在弹出的对话框中设置如图 7-40 所示的参数，单击"确定"按钮。

图 7-40　"存储选区"对话框

（3）执行"滤镜"→"模糊画廊"→"光圈模糊"菜单命令，在弹出的对话框中设置如图 7-41 所示的参数，单击"确定"按钮并重复一次，效果如图 7-42 所示。

图 7-41　设置光圈模糊参数

图 7-42　光圈模糊效果

（4）执行"滤镜"→"模糊"→"径向模糊"菜单命令，在弹出的对话框中设置如图 7-43 所示的参数，注意合理安排径向中心点，单击"确定"按钮，效果如图 7-44 所示，根据需要可以重复执行多次。

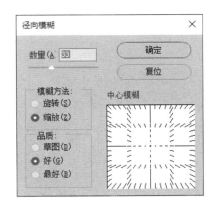

图 7-43　"径向模糊"对话框

图 7-44　径向模糊效果

（5）执行"滤镜"→"载入选区"菜单命令，在弹出的对话框中设置如图 7-45 所示的参数，单击"确定"按钮，效果如图 7-46 所示。

图 7-45　"载入选区"对话框

图 7-46　载入选区效果

（6）执行"选择"→"修改"→"扩展"菜单命令，在弹出的对话框中设置如图7-47所示的参数，单击"确定"按钮，效果如图7-48所示。

图7-47　"扩展选区"对话框

图7-48　扩展选区效果

（7）执行"选择"→"修改"→"羽化"菜单命令，在弹出的对话框中设置如图7-49所示的参数，单击"确定"按钮，效果如图7-50所示。

图7-49　"羽化选区"对话框

（8）激活历史记录画笔工具，设置如图7-51所示的参数，在选区内反复绘制即可制作出新的效果。

图7-50　羽化选区效果

图7-51　最终效果

3. 历史记录面板

在利用Photoshop处理图像时，每一个步骤都会记录在历史记录面板中。执行"窗口"→"历史记录"菜单命令，即可将其打开。通过该面板可以将图像恢复到操作过程中的某一步状态，也可以再次回到当前的操作状态，还可以将处理结果创建为快照或新的文件。

快照是指在历史记录面板中保存的某一步操作的图像状态，以便在需要时快速回到这一步。

在默认情况下，Photoshop 2020的历史记录面板中可以记录50个操作步骤。当操作步骤超过50个之后，则之前的记录会被自动删除，以便为Photoshop释放出更多的内存空间。要想在历史记录面板中记录更多的操作步骤，则可执行"编辑"→"首选项"→"性能"菜单命令,在弹出的对话框中设置"历史记录状态"的值,如图 7-52 所示,其取值范围为 1 ～ 1000。

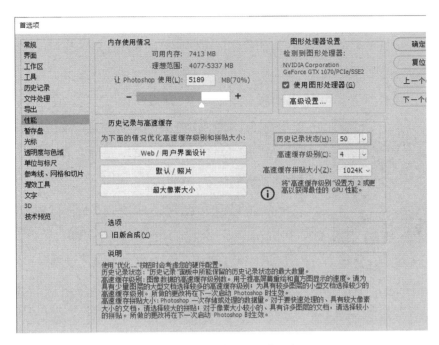

图 7-52　"首选项"对话框

4．认识历史记录面板

打开历史记录面板，单击其右上角的 ▤ 按钮，将弹出如图 7-53 所示的面板菜单。

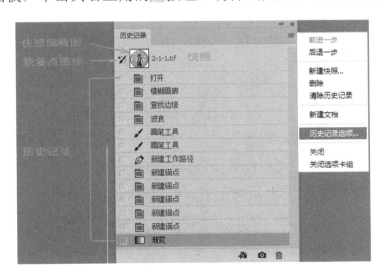

图 7-53　历史记录面板

（1）设置历史恢复点：在快照缩略图前面的 ▢ 图标上单击，即可将当前快照设置为历史恢复点，此时 ▢ 显示为 ▨，且当利用该工具对图像进行恢复时，将恢复到当前快照的图像状态。

（2）快照缩略图：被记录为快照的图像状态。

（3）当前记录：图像当前的编辑状态。

（4）从当前状态创建新文档按钮 ▥：基于当前操作步骤中图像的状态创建一个新文件。

（5）创建新快照按钮 ■：基于当前的图像状态创建一个快照。

（6）删除当前状态按钮 ■：选择一条历史记录，单击该按钮，可将该步骤及后面的操作删除。

在 Photoshop 中对面板、颜色设置、动作和首选项做出的更改不是对某个特定图像的更改，因此不会记录在历史记录面板中。

要想保留更多的操作步骤，可利用面板菜单中的"历史记录选项"命令进行进一步的设置。选择此命令，弹出"历史记录选项"对话框，如图 7-54 所示。

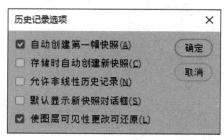

图 7-54　"历史记录选项"对话框

① 自动创建第一幅快照：当打开图像文件时，图像的初始状态会自动创建为快照。

② 存储时自动创建新快照：在编辑过程中，每保存一次文件，Photoshop 都会自动创建一个快照。

③ 允许非线性历史记录：对选定状态进行更改，而不会删除其后面的状态。在通常情况下，当选择一个状态并更改图像时，所选状态后面的所有状态都将被删除。

> 提示：历史记录面板将按照所做编辑步骤的顺序来显示这些步骤的列表。通过以非线性方式记录状态，可以选择某个状态、更改图像并且只删除该状态。更改将附加到列表的结尾。

④ 默认显示新快照对话框：选择该选项后，Photoshop 会强制性地提示操作者输入快照名称，即使使用面板上的按钮也会出现提示信息。

⑤ 使图层可见性更改可还原：选择该选项后，可以保存对图层可见性的更改。

5．创建快照

历史记录面板保存的步骤有限，而一些操作需要很多步骤才能完成，例如利用画笔工具绘画，每在文档窗口中单击一次，即在历史记录面板中显示为一个步骤。在这种情况下，我们就可以通过创建新快照来保存这些步骤，当操作发生错误时，单击某一步骤的快照即可将图像恢复到该状态，这样就可以弥补历史记录保存数量的局限性。

选择需要创建为快照的状态后，单击历史记录面板底部的 ■ 按钮，即可创建新快照。在某一个步骤上单击鼠标右键也可以创建快照，并且在弹出的对话框中还可以为快照命名。

6．删除快照

在历史记录面板中单击需要删除的快照，然后执行面板菜单中的"删除"命令，或单击面板底部的删除按钮 ■，在弹出的询问对话框中单击 是(Y) 按钮，即可删除快照。

7.2.4　修饰工具组

修饰工具组中包括模糊工具 ■、锐化工具 ■、涂抹工具 ■、减淡工具 ■、加深工具 ■ 和

海绵工具 。使用时主要在其属性栏中设置笔头大小、形状、混合模式和强度等属性，然后在图像需要修饰的位置单击或拖曳鼠标即可完成相应效果的处理。

1. 模糊工具

使用模糊工具可以将图像中的硬边缘进行柔化处理，降低图像色彩反差，以减少图像的细节。其使用方法非常简单，选择该工具，在画面中拖动鼠标即可对画面进行模糊处理。图7-55所示为模糊工具属性栏。

图7-55　模糊工具属性栏

（1）画笔按钮 ：用来选择模糊处理时的画笔笔头。

（2）模式：用来设置模糊处理时的混合模式。

（3）强度：用来设置该工具在使用时的强度大小。强度越大，模糊效果越明显；强度越小，模糊效果越不明显。

（4）对所有图层取样按钮 ：激活该按钮，可以对所有可见图层中的数据进行模糊处理；否则，只能对当前图层中的数据进行模糊处理。当图像只有一个背景层时，激活该按钮与否，产生的模糊效果相同。

2. 锐化工具

使用锐化工具可以增强图像中相邻像素间的对比，增大图像色彩反差，从而提高图像的清晰度。其使用方法与模糊工具相同。

锐化工具的属性栏和模糊工具的属性栏相同。值得注意的是，在使用锐化工具时不能在某个区域反复涂抹，否则画面会失真。

模糊工具和锐化工具主要用于小面积的图像处理，若要进行大面积的模糊和锐化处理，则需要利用"滤镜"菜单中的"模糊"命令。

3. 涂抹工具

涂抹工具用来模拟将手指拖过湿油漆时所看到的效果。该工具可拾取涂抹开始位置的颜色，并沿拖动的方向展开这种颜色，即在画面中按下鼠标左键并拖动即可进行涂抹。其属性栏如图7-56所示。

图7-56　涂抹工具属性栏

（1）强度：决定涂抹开始位置的颜色用量的多少。

（2）对所有图层取样按钮 ：激活该按钮，可利用所有可见图层中的颜色数据来进行涂抹。如果取消激活该按钮，则涂抹工具只使用当前图层中的颜色。

（3）手指绘画按钮 ：激活该按钮，可使用每个涂抹起点处的颜色进行涂抹。如果取消激活该按钮，则涂抹工具会使用每次涂抹的起点处指针所指的颜色进行涂抹。

图 7-57 所示为原图与运用了模糊、锐化和涂抹工具后的图像效果对比。在使用这 3 种工具时一定要注意调整参数，这里为了突出对比效果，将参数值设置为最大。

图 7-57　使用 3 种工具的图像效果对比

4．减淡工具

利用减淡工具可以使图像变亮，其使用方法也很简单，在画面中按下鼠标左键拖动即可。图 7-58 所示为减淡工具属性栏。

图 7-58　减淡工具属性栏

（1）范围：用于选择要修改的色调，默认选择"中间调"。当选择"阴影"时，可处理图像的暗色调；当选择"高光"时，可处理图像的亮色调。因此，在处理对象时一定要根据色调的具体情况选择不同的色调选项。

（2）曝光度：用于设置曝光程度，该值越高，效果越明显。

（3）保护色调按钮 ：激活该按钮，可以保护图像的色调不受影响。

5．加深工具

加深工具的效果与减淡工具的效果正好相反，利用加深工具可以使图像变暗，其使用方法和工具属性栏与减淡工具相同。

6．海绵工具

利用海绵工具可以修改图像的色彩饱和度，在灰度模式下可以通过使灰阶远离或靠近中间灰色来增加或降低对比度。其使用方法与减淡、加深工具的使用方法一样。图 7-59 所示为海绵工具属性栏。

图 7-59　海绵工具属性栏

（1）模式：用来选择更改颜色色彩的方式。选择"去色"模式，可以降低饱和度；选择"加色"模式，可以增加饱和度。

（2）流量：用来指定海绵工具的流量，该值越高，工具的强度越大，效果也越明显。

（3）自然饱和度按钮▽：激活该按钮，可以在增加饱和度时，防止颜色过度饱和。

图 7-60 所示为原图与运用了减淡、加深和海绵工具后的图像效果对比。在使用这 3 种工具时一定要注意调整参数，这里为了突出对比效果，将参数值设置为最大。

图 7-60　3 种工具对比效果

7.3　实例解析——画册装帧设计案例

（1）新建文件，设置如图 7-61 所示的参数，单击"确定"按钮。

（2）如图 7-62 所示，设置前景色为浅蓝色并填充背景层。

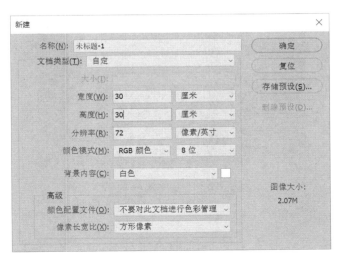

图 7-61　新建文件

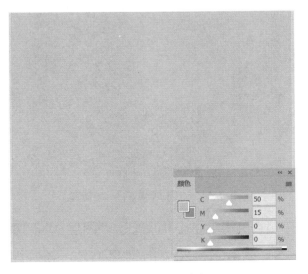

图 7-62　填充蓝色

（3）在图层面板中，新建"图层 1"图层。激活工具箱中的钢笔工具，绘制如图 7-63 所示的心形图案。

（4）激活工具箱中的直接选择工具，仔细调整曲线后填充路径为白色，效果如图 7-64 所示。

图 7-63　绘制心形图案

图 7-64　填充心形图案

（5）执行"滤镜"→"模糊"→"高斯模糊"菜单命令，弹出如图 7-65 所示的对话框，在对话框中设置半径为 50 像素。

（6）单击"确定"按钮，高斯模糊效果如图 7-66 所示。

图 7-65　"高斯模糊"对话框

图 7-66　高斯模糊效果

（7）在图层面板中，新建"图层 2"图层，如图 7-67 所示。

（8）激活工具箱中的钢笔工具，在画面中绘制一个兔子的头部形态（先绘制基本形状，在绘制完成后使用工具箱中的直接选择工具调整节点和线条），效果如图 7-68 所示。

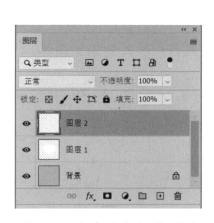

图 7-67　新建"图层 2"图层

图 7-68　绘制兔子的头部形态

（9）如图 7-69 所示，在路径面板中单击底部的"将路径作为选区载入"按钮，将路径转换为选区。

（10）设置前景色为深紫色，执行"编辑"→"描边"菜单命令，弹出如图 7-70 所示的对话框，设置宽度为 5 像素。

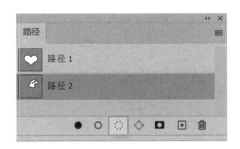

图 7-69　单击"将路径作为选区载入"按钮

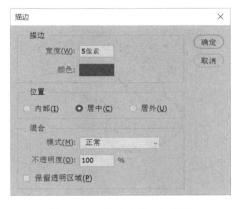

图 7-70　"描边"对话框

（11）单击"确定"按钮，则执行"描边"命令后的效果如图 7-71 所示。

（12）取消选区。激活工具箱中的套索工具，如图 7-72 所示，将耳朵部分多余的线条选取并删除，或者使用橡皮擦工具直接擦除。

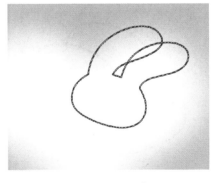

图 7-71　执行"描边"命令后的效果

图 7-72　删除多余的线条

（13）激活工具箱中的魔棒工具，如图 7-73 所示，选取兔子头部线条内部区域并填充白色。

（14）设置前景色为淡粉色。激活工具箱中的画笔工具，在其属性栏中设置笔头大小为 40 像素，硬度为 0，不透明度为 20%，在兔子头部边缘部分进行描绘，效果如图 7-74 所示。

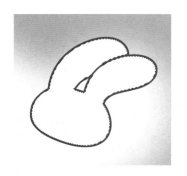

图 7-73　填充白色

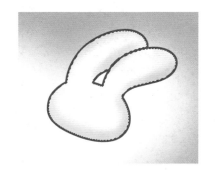

图 7-74　在兔子头部边缘部分进行描绘

（15）激活工具箱中的加深工具，在其属性栏中设置笔头大小为 20 像素，硬度为 0，曝光度为 20%，在局部（背光面）进行加深（注意不要加深过度），如图 7-75 所示。

（16）激活工具箱中的铅笔工具，使用相同的深紫色绘制眼眉；再激活工具箱中的钢笔工具，在兔子脸部绘制两个如图 7-76 所示的形状，注意将线条调整圆滑、流畅。

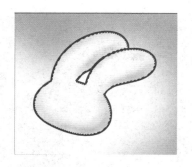

图 7-75　在局部进行加深

图 7-76　绘制新的形状路径

（17）如图 7-77 所示，在路径面板中，单击下方的"将路径作为选区载入"按钮，将路径转换为选区。

（18）填充比刚才设置的浅粉色略微深些的粉红色，并利用加深工具进行局部加深，效果如图 7-78 所示。

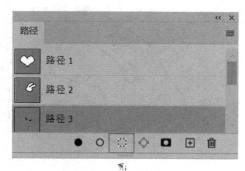

图 7-77　载入选区 1

图 7-78　局部加深

（19）如图 7-79 所示，在图层面板中，新建"图层 3"图层。

（20）激活工具箱中的钢笔工具，绘制蝴蝶结，效果如图 7-80 所示。

图 7-79　新建"图层 3"图层

图 7-80　绘制蝴蝶结

（21）如图 7-81 所示，在路径面板中，单击下方的"将路径作为选区载入"按钮，将路径转换为选区。

（22）设置前景色为深紫色，执行"编辑"→"描边"菜单命令，效果如图 7-82 所示。

图 7-81　载入选区 2

图 7-82　蝴蝶结描边效果

（23）将蝴蝶结上面多余的线条删除，效果如图 7-83 所示。

（24）激活工具箱中的魔棒工具，选取蝴蝶结线条内的区域并填充浅蓝色，效果如图 7-84 所示。

图 7-83　删除蝴蝶结上面多余的线条

图 7-84　为蝴蝶结填充浅蓝色

（25）设置前景色为浅粉色。激活工具箱中的画笔工具，在其属性栏中设置笔头大小为 15 像素，不透明度为 100%，在蝴蝶结上面绘制几个圆点，效果如图 7-85 所示。

（26）激活加深工具，将背光部分加深；再激活减淡工具，将受光部分减淡，效果如图 7-86 所示。

图 7-85　绘制圆点

图 7-86　局部调整

（27）如图 7-87 所示，在图层面板中，新建"图层 4"图层，并将其拖动到"图层 1"图层的上方。

（28）激活工具箱中的钢笔工具，绘制兔子的身体部分，效果如图 7-88 所示。

图 7-87　新建"图层 4"图层

图 7-88　绘制兔子的身体部分

（29）如图 7-89 所示，在路径面板中，单击底部的"将路径作为选区载入"按钮，将路径转换为选区。

（30）如图 7-90 所示，先用深紫色描边，再选取线条内的区域并填充深一点的粉色，然后使用加深工具进行局部加深，最后使用画笔工具绘制几个深粉色的圆形装饰。

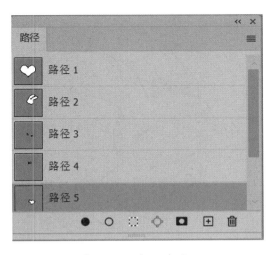

图 7-89　载入选区 3

图 7-90　兔子身体局部调整

（31）如图 7-91 所示，在图层面板中，新建"图层 5"图层，并将其放置在"图层 1"图层的上方。

（32）激活工具箱中的钢笔工具，绘制兔子的手和脚，效果如图 7-92 所示。

图 7-91　新建"图层 5"图层

图 7-92　绘制兔子的手和脚

（33）如图 7-93 所示，在路径面板中，单击底部的"将路径作为选区载入"按钮，将路径转换为选区。

（34）如图 7-94 所示，像绘制兔子头部效果一样绘制兔子的手和脚效果。

（35）如图 7-95 所示，在图层面板中，新建"图层 6"图层并将其放置在"图层 1"图层的上方。

（36）激活工具箱中的钢笔工具，绘制一个心形的气球，效果如图 7-96 所示。

（37）如图 7-97 所示，在路径面板中，单击底部的"将路径作为选区载入"按钮，将路径转换为选区。

（38）设置前景色为偏绿色的蓝色并描边，效果如图 7-98 所示。

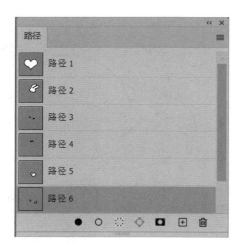

图 7-93　载入选区 4

图 7-94　绘制兔子的手和脚效果

图 7-95　新建"图层 6"图层

图 7-96　绘制心形的气球

图 7-97　载入选区 5

图 7-98　气球描边效果

（39）激活魔棒工具，选取气球内部区域并填充比边线稍微浅一点的蓝色，效果如图 7-99 所示。

（40）激活画笔工具，在气球上面绘制大小、形状、颜色不一的斑点，效果如图 7-100 所示。

图 7-99　为气球填充蓝色

图 7-100　绘制斑点

（41）激活加深工具，将背光部分加深；再激活减淡工具，将受光部分减淡，效果如图 7-101 所示。

（42）如图 7-102 所示，在图层面板中，复制"图层 6"图层为"图层 6 副本"图层。

图 7-101　气球局部调整

图 7-102　复制得到"图层 6 副本"图层

（43）以"图层 6 副本"图层为当前选择层，按 Ctrl+T 组合键，将气球旋转一定角度并缩小，效果如图 7-103 所示。

（44）执行"图像"→"调整→"色相 / 饱和度"菜单命令，在弹出的对话框中设置如图 7-104 所示的参数。

（45）单击"确定"按钮，调整后的气球效果如图 7-105 所示。

（46）在图层面板中，复制"图层 6 副本"图层为"图层 6 副本 2"图层，并将其放置在"图层 6 副本"图层的下方，如图 7-106 所示。

图 7-103　将气球旋转一定角度并缩小

图 7-104　"色相/饱和度"对话框

图 7-105　调整后的气球效果

图 7-106　复制得到"图层 6 副本 2"图层

（47）调整气球的大小和位置，效果如图 7-107 所示。

（48）执行"图像"→"调整"→"色相/饱和度"菜单命令，在弹出的对话框中设置如图 7-108 所示的参数。

图 7-107　调整气球的大小和位置

图 7-108　设置色相/饱和度参数

（49）单击"确定"按钮，调整后的气球效果如图 7-109 所示。

（50）激活工具箱中的横排文字工具，如图 7-110 所示，在画面右下角输入英文字母"Dream"。

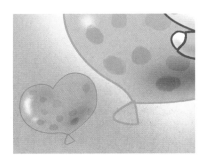

图 7-109　调整色相 / 饱和度后的效果

图 7-110　输入"Dream"

（51）如果对上述字体和大小不满意，则可以打开字符面板调整字体和大小，如图 7-111 所示。

（52）如图 7-112 所示，以文字图层为当前选择层，执行"类型（文字）"→"栅格化文字图层"菜单命令，将文字图层栅格化。

图 7-111　字符面板

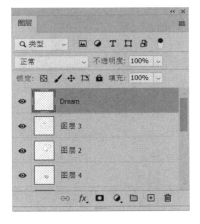

图 7-112　栅格化文字图层

（53）设置前景色为浅粉色，执行"编辑"→"描边"菜单命令，弹出如图 7-113 所示的对话框，设置宽度为 6 像素，位置为"居外"。

（54）单击"确定"按钮，则描边后的效果如图 7-114 所示。

图 7-113　设置描边参数 1

图 7-114　字母描边效果 1

（55）设置前景色为白色，执行"编辑"→"描边"菜单命令，弹出如图 7-115 所示的对话框，设置宽度为 8 像素，单击"确定"按钮，效果如图 7-116 所示。

图 7-115　设置描边参数 2

图 7-116　字母描边效果 2

（56）激活钢笔工具，绘制翅膀的形态，填充白色并用浅粉色描边（宽度设置为 3 像素），效果如图 7-117 所示。

图 7-117　绘制翅膀的形态

（57）如图 7-118 所示，在图层面板中，以背景层为当前选择层。

（58）激活工具箱中的加深工具，在其属性栏中设置笔头大小，将 4 个边角部分适当加深（右下角较深些），效果如图 7-119 所示。

图 7-118　设置当前选择层

图 7-119　加深效果

（59）最终封面的基本效果如图 7-120 所示。 此时图层面板如图 7-121 所示。

图 7-120　最终封面的基本效果　　　　　　　　　图 7-121　图层面板

（60）下面主要完成立体效果。根据书籍尺寸，新建文件，参数设置如图 7-122 所示。

（61）激活工具箱中的移动工具，将合并后的卡通兔子图形拖入新建文件中。如图 7-123 所示，在图层面板中，复制"图层 1"图层为"图层 1 副本"图层。

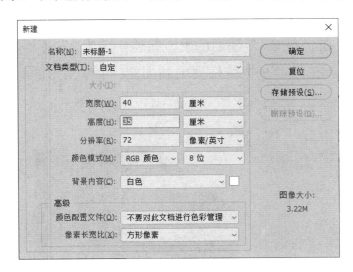

图 7-122　"新建"对话框　　　　　　　　图 7-123　复制得到"图层 1 副本"图层

（62）激活移动工具，调整"图层 1 副本"图层中的图形，使之呈现如图 7-124 所示的效果。

（63）在图层面板中，以"图层 1"图层为当前选择层，如图 7-125 所示。

图 7-124 调整"图层 1 副本"图层中的图形

图 7-125 以"图层 1"图层为当前选择层 1

（64）执行"图像"→"调整"→"曲线"菜单命令，在弹出的对话框中设置曲线参数，如图 7-126 所示，单击"确定"按钮，效果如图 7-127 所示。

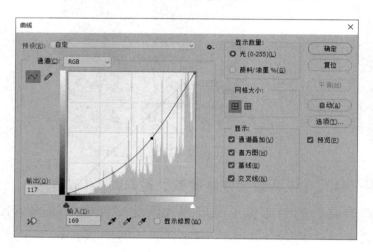

图 7-126 设置曲线参数

图 7-127 调整曲线后的效果

（65）如图 7-128 所示，在图层面板中，在"图层 1"图层的上方新建"图层 2"图层。

（66）激活工具箱中的多边形套索工具，在图形左上角位置绘制如图 7-129 所示的选区，并填充深蓝色。

图 7-128 在"图层 1"图层上方新建"图层 2"图层

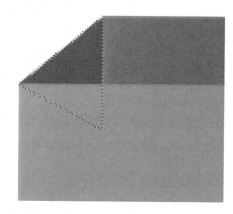

图 7-129 绘制选区并填充深蓝色

（67）在图层面板中，以"图层 1 副本"图层为当前选择层。执行"编辑"→"变换"→"扭曲"菜单命令，将图形调整为如图 7-130 所示的形态。

（68）在图层面板中，复制"图层 1"图层为"图层 1 副本 2"图层，并将其放置在"图层 1 副本"图层的下方，单击"锁定"按钮，如图 7-131 所示。

图 7-130　调整封面形态

图 7-131　复制得到"图层 1 副本 2"图层

（69）设置前景色为浅土黄色，执行"编辑"→"填充"→"前景色"菜单命令，效果如图 7-132 所示。

（70）激活工具箱中的加深工具，多次调整笔头大小（选择带有羽化边缘的笔头）和曝光度，将靠近封面边缘的部分适当加深，如图 7-133 所示。

图 7-132　填充效果

图 7-133　加深靠近封面边缘的部分

（71）如图 7-134 所示，在图层面板中，在"图层 2"图层的上方新建"图层 3"图层。

（72）激活工具箱中的多边形套索工具，在图形顶部位置绘制如图 7-135 所示的选区并填充淡土黄色。

图 7-134 在"图层 2"图层的
上方新建"图层 3"图层

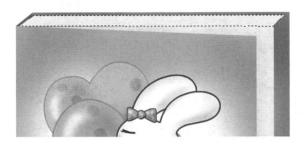

图 7-135 绘制选区并填充淡土黄色

（73）激活加深工具，将左侧部分加深；再激活减淡工具，将中部及右侧部分减淡，效果如图 7-136 所示。

图 7-136 加深及减淡效果

（74）使用同样的方法绘制图形右侧部分，效果如图 7-137 所示。

（75）设置前景色为白色，激活工具箱中的直线工具，在其属性栏中选择"像素"选项，将粗细设置为"1px"，在图形的顶部和右侧绘制几条白色线条，效果如图 7-138 所示。

图 7-137 绘制图形右侧部分

图 7-138 绘制白色线条

（76）如图 7-139 所示，在图层面板中，以"图层 1"图层为当前选择层。

（77）单击图层面板底部的"添加图层样式"按钮，添加斜面和浮雕效果，设置如图 7-140 所示的参数。

图 7-139　以"图层 1"图层为
当前选择层 2

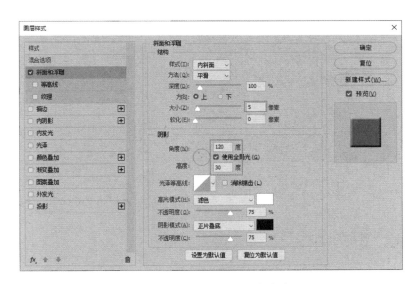

图 7-140　设置斜面和浮雕参数

（78）单击"确定"按钮，则添加图层样式后的效果如图 7-141 所示。

（79）在图层面板中，将"图层 1"图层的图层样式复制并粘贴至"图层 1 副本"图层，然后双击"图层 1 副本"图层，在弹出的对话框中设置投影参数，其中不透明度设置为 60%，距离设置为 10 像素，大小设置为 30 像素，然后单击"确定"按钮，如图 7-142 所示。

图 7-141　添加图层样式后的效果

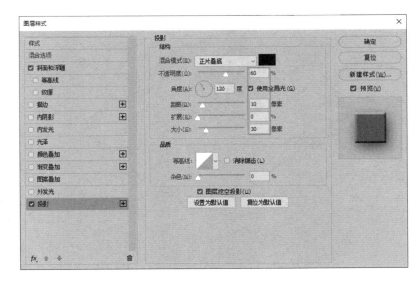

图 7-142　设置投影参数

（80）在图层面板中，按住 Shift 键，选择除背景层外的所有图层，合并为"图层 1 副本"图层，如图 7-143 所示。

（81）单击图层面板底部的"添加图层样式"按钮，在弹出的对话框中设置如图 7-144 所示的参数，单击"确定"按钮，最终效果如图 7-1 所示。

图 7-143　合并图层

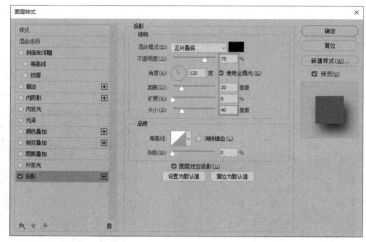

图 7-144　"图层样式"对话框

7.4　相关知识链接

1. 封面设计的基本要求

首先应该确定表现形式要为书的内容服务，用最感人、最形象、最易被视觉接受的表现形式，所以封面的构思就显得十分重要，要充分了解书稿的内涵、风格、体裁等，做到构思新颖、切题，有感染力。如图 7-145 所示，封面设计与内容主题紧紧相扣。

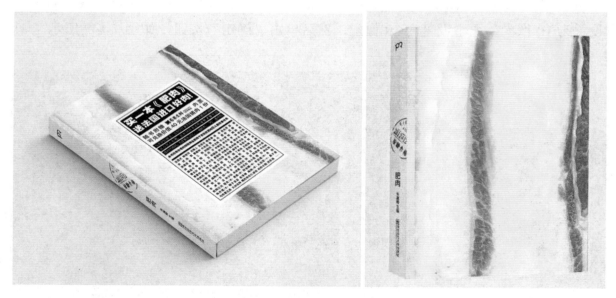

图 7-145　《肥肉》封面与封底设计

构思的过程与方法大致有以下几种。

（1）想象。想象是构思的基点，其以造型的知觉为中心，能产生明确的有意味形象。我们所说的"灵感"，即知识与想象的积累与结晶，是设计构思的启迪源泉。

（2）舍弃。构思的过程往往"叠加容易，舍弃难"，构思时往往想得很多，堆砌得很多，对多余的细节爱不忍弃。张光宇先生说的"多做减法，少做加法"，就是真切的经验之谈。对于不重要的、可有可无的形象与细节，要忍痛割爱。

（3）象征。象征性的手法是艺术表现最得力的语言，可以用具象的形象来表达抽象的概念或意境，也可以用抽象的形象来意喻表达具体的事物，都能为人们所接受。

（4）探索创新。流行的形式、常用的手法、俗套的语言要尽可能避开不用；熟悉的构思方法、常见的构图、习惯性的技巧，都是创新构思表现的大敌。构思要新颖，就需要不落俗套，标新立异。要想有创新的构思，就必须有孜孜不倦的探索精神。

2．封面的文字设计

封面上的文字主要包括书名（包括丛书名、副书名）、作者名和出版社名，这些留在封面上的文字信息，在设计中起着举足轻重的作用。在设计过程中，为了丰富画面，可重复书名，加上拼音或外文书名，以及添加目录和适量的广告语。有时为了满足画面需要，在封面上也可以不安排作者名或出版社名，而是将其放在书脊和扉页上，在封面上只留下不可缺少的书名，如图 7-146 所示。

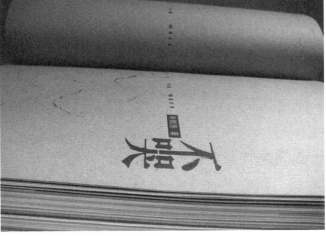

图 7-146 《不哭》封面、书脊与扉页设计

在封面文字中，除书名外，均选用印刷字体，所以这里主要介绍书名的字体。常用于书名的字体分为三大类：书法体、美术体和印刷体。

1）书法体

书法体笔画间追求无穷的变化，具有强烈的艺术感染力和鲜明的民族特色，以及独到的个性，且字迹多出自社会名流之手，具有名人效应，广泛受到人们的喜爱。例如，《求是》《娃娃画报》等书刊均采用书法体作为书名字体。

2）美术体

美术体又可分为规则美术体和不规则美术体两种。前者作为美术体的主流，强调外形的规整，点画变化统一，具有便于阅读、设计的特点，但较呆板。不规则美术体则在这方面有所不同，它强调自由变形，无论是点画处理还是字体外形，均追求不规则的变化，具有变化丰富、个性突出、设计空间充分、适应性强、富有装饰性的特点。不规则美术体与规则美术体及书法体相比，其既具有个性，又具有适应性，因此许多书刊均选用这类字体作为书名字体。

3）印刷体

印刷体沿用了规则美术体的特点，早期的印刷体较呆板、僵硬，而现在的印刷体在这方面有所突破，吸纳了不规则美术体的变化规则，大大丰富了印刷体的表现力，而且借助于电脑使印刷体在处理方法上既便捷又丰富，弥补了其个性上的不足。

有些国内书籍刊物在设计时将中英文刊名加以组合，形成独特的装饰效果。例如，《世界知识画报》用"W"和中文刊名的组合形成自己的风格。

刊名的视觉形象并不是只能使用单一的字体、色彩、字号来表现，把两种以上的字体、色彩、字号组合在一起会令人耳目一新。可将刊名中的书法体和印刷体结合在一起，使两种不同外形特征的字体产生强烈的对比效果。

3．封面的图片设计

封面的图片以其直观、明确、视觉冲击力强、易与读者产生共鸣的特点，成为设计要素中的重要组成部分。图片的内容丰富多彩，最常见的有人物、动物、植物、自然风光，以及一切人类活动的产物。封面上的图片形式包括摄影、插图和图案，有写实的，有抽象的，还有写意的，如图 7-147 所示。

图片是书籍封面设计的重要环节，其往往在画面中占用很大面积，成为视觉中心，所以图片设计尤为重要。一般青年杂志、女性杂志均为休闲类书刊，其选图的标准是大众审美，所以通常选用当红影视歌星、模特的照片做封面；科普刊物选图的标准是知识性，所以常选用与大自然有关的、先进科技成果的图片做封面；体育杂志则选用体坛名将及竞技场面图片做封面；新闻杂志选用新闻人物和有关场面图片做封面，其选图的标准是新闻价值；摄影、美术刊物的封面选用优秀的摄影和艺术作品图片，其选图的标准是艺术价值。

4．封面的色彩设计

封面的色彩处理是设计中的重要一关。得体的色彩表现和艺术处理，能在读者的视觉中产生夺目的效果。色彩的运用要考虑内容的需要，用不同色彩对比的效果来表达不同的内容和思想。在对比中求统一、协调，以间色互相搭配为宜，使对比色统一于协调之中。书名的色彩运用在封面上要有一定的分量，若纯度不够，则不能产生显著的夺目效果。另外，封面除可用绘画色彩外，还可用装饰性的色彩表现。文艺书籍封面的色彩不一定适用于教科书，教科书、理论著作封面的色彩一般不适用于儿童读物。要辩证地看待色彩的含义，不能形而上学地使用，如图 7-148 所示。

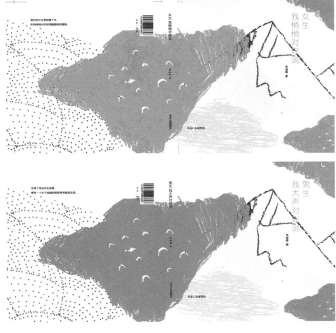

图 7-147 封面采用野猪外形 图 7-148 性别不同，色彩不同

一般来说，在设计幼儿刊物时，针对幼儿娇嫩、单纯、天真、可爱的特点，色彩的色调往往处理成高调，减弱各种对比的力度，强调柔和的感觉；女性书刊的色调可以根据女性的特征，选择温柔、妩媚、典雅的色彩系列；体育杂志的色彩则强调刺激、对比，追求色彩的冲击力；艺术类杂志的色彩就要求具有丰富的内涵，要有深度，切忌轻浮、媚俗；科普书刊的色彩可以强调神秘感；时装杂志的色彩要新潮，富有个性；专业性学术杂志的色彩要端庄、严肃、高雅，体现权威感，不宜强调高纯度的色相对比。

在色彩搭配上，除协调外，还要注意色彩的对比关系，包括色相、纯度、明度对比。封面上没有色相冷暖对比，就会感到缺乏生气；封面上没有明度深浅对比，就会感到沉闷而透不过气来；封面上没有纯度鲜明对比，就会感到古旧和平俗。因此，要在封面色彩设计中掌握明度、纯度、色相的关系，同时利用这三者的关系去认识和寻找封面上产生弊端的缘由，以便提高色彩修养。

上面谈到的是书籍封面设计 4 个基本要素的设计方法，将这些要素有序地组合在一个画面中方能构成书籍的封面。掌握封面设计的基本方法，绝不能教条地套用，而要有针对性，才能设计出优秀的书籍封面，使读者一见钟情，爱不释手。

5. 版面设计的基本要求

版面设计所涉及的内容比较多，其中，除了一些印刷装帧中的工艺技术因素，最主要的方面在于艺术设计，如图 7-149 所示。一般来说，书籍的封面装帧设计有其具体的设计要求或标准，具体体现在以下几个方面。

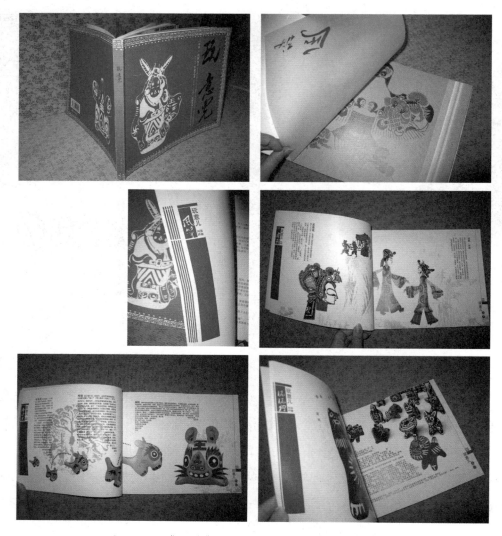

图 7-149 《风筝》封面、书脊、扉页及内页设计

（1）主题性：书籍封面的装帧设计要充分体现出书籍的内容、主题和精神，这也是书籍封面设计的目的。主题性要求书籍的封面设计要根据书籍的内容主题来确定设计的风格、形式，使封面成为读者直接感知书籍内容信息的重要途径。

（2）原创性：创意是任何设计的灵魂所在，只有创造出新的设计形式、新的设计风格和新的图像图形视觉，才能使设计不流于一般对内容的简单图解，而是对具体内容表达的再创造。

（3）装饰性：在设计手法、设计形式上，版面设计具有很强的装饰性和形式感，要灵活运用各种形式语言、色彩语言来进行视觉美感的创造。

（4）可读性：设计的目的是为了更好地传达书籍的内容信息，故设计要有清晰明了的形式和主题。没有信息传达的准确性和形式设计的可读性，设计就有可能是混乱的、失败的。

6. 美术设计的基本要求

（1）护封设计和封面设计是否符合书籍的内容和要求。要把书脊看作一个完整的平面，除保持书脊的文字等功能性的元素具备外，还可以使用图形类的元素组成一幅完整的画面。

（2）护封设计和封面设计是否组合在整体方案之中（例如文字、色彩）。

（3）封面选用的材料是否合理。

（4）封面设计是否适应书籍装订的工艺要求（例如封面与书脊连接处、平装书的折痕和精装书的凹槽等）。

（5）图片（照片、插图、技术插图、装饰等）是否组合在基本方案之中，是否符合书籍的要求。

（6）技术：版面是否均衡（字间距有没有太宽或太窄）。

（7）版面：目录索引、表格和公式的版面质量应与立体部分相称，字间距与字的大小和字的风格要相适应（在正文字体、标题字体和书名字体方面，标点符号和其他专门符号的字间距是否合适）；字间距整体设置要恰当，标题的断行要符合文字的含义。字体的醒目与字体的风格相适应；同时注意只有左边整齐的版面，右边同样要和谐统一。

（8）拼版：拼版是否连贯和前后一致；标题、章节、段、图片等的间隔是否统一；是否避免了恶劣的标点在页面第一行第一个字的位置的情况出现。

第8章 数码图像合成设计——动作、通道、蒙版的应用

图像合成，属于图像处理的范畴，主要指把两个以上的视频或图像信号通过加工处理，叠加或组合在一起，制作出新的图像效果；对原始素材的深度加工处理，使之产生新的艺术效果。若将传统的影视制作比作以时间为轴的叙述，图像合成则是于同一时刻在空间的领域进行创作，在二维的画面中表现出空间的层次感，增强画面的表现力，使之所传递的信息越来越丰富，形成一套独特的创作手法。

随着数字技术、计算机技术的迅猛发展，近几年来图像技术在不断优化的同时也发生了质的飞跃，到如今特色各异的合成软件及功能强大的数字合成系统，"合成"的概念正在被逐步完善。

8.1 数码图像合成设计案例分析

1. 创意定位

鸟类是大自然的重要组成部分，也是人类的朋友，是人类赖以生存的自然生态系统的重要组成部分。保护鸟类是每个人应尽的义务，这对人类经济建设的发展具有重要意义。如图8-1所示，让我们一起保护生物，关爱鸟类，善待这凡间的精灵。请君记住："劝君莫打三月鸟，子在巢中盼母归。"

图 8-1 图像合成效果

2．所用知识点

- 滤镜命令（高斯模糊、彩色半调、水波等）。
- 快速蒙版的使用。
- 蒙版和通道（颜色通道和 Alpha 通道）。
- 图层透明度的调整。
- 图层混合模式。

3．制作分析

制作过程分 3 个环节完成：

- 新建通道并填充渐变色。
- 利用"滤镜"菜单中的相关命令创建环境效果。
- 元素合成。

8.2　知识卡片

8.2.1　动作的应用

在 Photoshop 2020 中，用户可以将一系列命令组合为某个动作，从而使任务执行自动化。例如，若用户希望将创建某个案例效果过程中所用到的一系列滤镜效果记忆下来，以便将来应用于其他对象效果中，则将上述动作全部或部分录制即可达到目的。

1．内置动作命令的载入与运行

在 Photoshop 2020 中，已经为用户设置了许多动作效果。执行"窗口→动作"菜单命令，打开动作浮动面板，然后单击右上角的■图标，如图 8-2 所示，这些内置的动作命令将常用效果的制作过程分为 10 类，分别是"默认动作""命令""画框""图像效果""LAB- 黑白技术""制作""流星""文字效果""纹理""视频动作"。这 10 类动作命令组各自又包含多种不同的效果命令，每一种效果由一系列命令组合在一起，用户只需执行"运行"命令即可对对象添加指定的效果。若在组合命令中设置了中断点，则运行至该处时处理过程便暂时中断，等待用户输入参数，然后继续运行命令，直至结束，这样便可达到预期的效果。同样，用户也可用动作面板录制自己设定的某些特殊效果，以便将来运用。

✎ 范例操作——内置动作命令的应用

（1）打开原图，如图 8-3 所示。如果所打开的图像带有图层，则要将所有图层合并后再执行相关命令。

（2）选择图8-2中的"图像效果"命令，在其展开的下拉菜单中选择"霓虹边缘"命令，然后单击如图8-4所示的"播放"按钮，效果如图8-5所示。

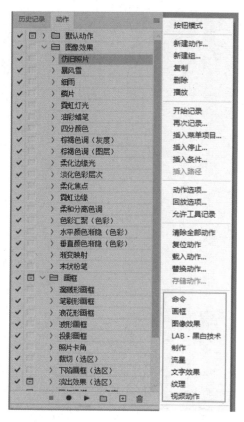

图8-2 动作浮动面板

图8-3 原图

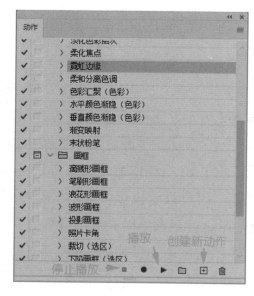

图8-4 选择"霓虹边缘"命令

图8-5 霓虹边缘效果

（3）载入"画框"动作，选择"照片卡角"命令，如图8-6所示，然后单击其底部的"播放"按钮，效果如图8-7所示，一幅精装画制作完成。

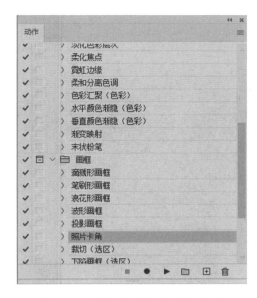

图 8-6 选择"照片卡角"命令

图 8-7 照片卡角效果

2. 用户自定义动作命令

在创建新动作前，首先应新建一个动作组，以便将动作保存在动作组中。如果不创建新的动作组，则新建的动作会保存在面板中当前的动作组中。

✈ 范例操作——自定义动作命令的应用

（1）打开素材图片，如图 8-8 所示。执行"视图"→"标尺"菜单命令，打开标尺，按住鼠标左键从标尺的水平与垂直方向分别拖出对称辅助线，效果如图 8-9 所示。

图 8-8 素材图片

图 8-9 添加辅助线

（2）激活文字工具，输入不同色彩的文字并栅格化文字层，效果如图 8-10 所示。

（3）按住 Ctrl 键单击文字层缩略图，载入选区，然后合并图层，效果如图 8-11 所示。

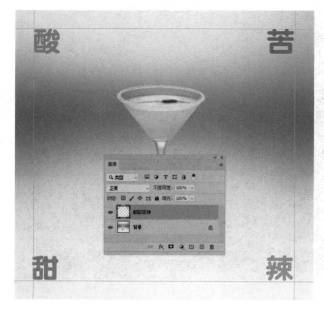

图 8-10 输入文字

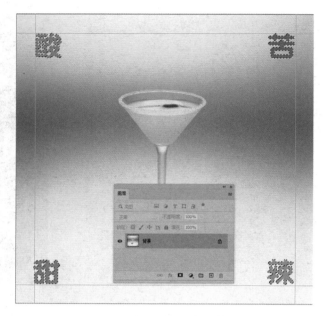

图 8-11 载入选区并合并图层

（4）打开动作面板，单击面板中的"创建新动作"按钮，打开"新建动作"对话框，如图 8-12 所示，单击"确定"按钮，新建"动作 1"。此时所有操作过程都会被录制，因此建议此后的

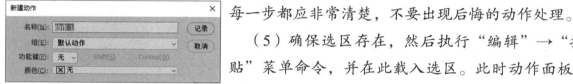

图 8-12 "新建动作"对话框

每一步都应非常清楚，不要出现后悔的动作处理。

（5）确保选区存在，然后执行"编辑"→"拷贝"/"粘贴"菜单命令，并在此载入选区。此时动作面板与图层面板如图 8-13 所示。

（6）按 Ctrl+T 组合键，在属性栏中设置相应的参数，效果如图 8-14 所示，双击鼠标左键即可完成变形。

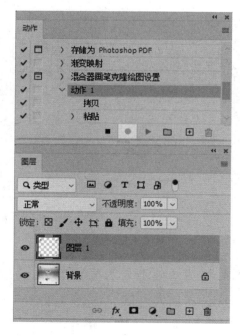

图 8-13 动作面板与图层面板

图 8-14 设置相应的参数

（7）再次合并图层，单击"停止播放"按钮即可完成动作设置（注意，一定要始终保持选区的存在），如图 8-15 所示。

（8）单击"动作 1"，回到起点。然后重复单击"播放"按钮，即可完成如图 8-16 所示的效果。

图 8-15　再次合并图层　　　　　　　　　　　　　图 8-16　播放效果

8.2.2　蒙版的应用

蒙版与通道是 Photoshop 中两个较为抽象的概念，二者在图像处理与合成的过程中起着非常重要的作用，特别是在创建和保存特殊选区及制作特殊效果方面，更有其独特的灵活性。

1．蒙版的概念

蒙版是将不同灰度色值转化为不同的透明度，并作用到它所在的图层中，使图层不同部位的透明度产生相应的变化。黑色为完全透明，白色为完全不透明。蒙版还具有保护和隐藏图像的功能，当对图像的某一部分进行特殊处理时，利用蒙版可以隔离并保护其余的图像部分不被修改或破坏。

根据创建方式的不同，蒙版可分为图层蒙版、矢量蒙版、剪贴蒙版和快速编辑蒙版 4 种类型。

图层蒙版是位图图像，与分辨率相关，是由绘图工具或选框工具创建的；矢量蒙版与分辨率无关，是由路径工具或形状工具创建的；剪贴蒙版是由基底图层和内容图层创建的；快速编辑蒙版是利用工具箱中的◎按钮直接创建的。

2．创建和编辑图层蒙版

1）创建图层蒙版

在图层面板中，选择要添加图层蒙版的图层或图层组，执行下列任一操作即可。

（1）执行"图层"→"图层蒙版"→"显示全部"菜单命令，可创建出显示整个图层的蒙版。如果图像中有选区存在，则可执行"图层"→"图层蒙版"→"显示选区"菜单命令，根据选区创建显示选区内图像的蒙版。

（2）执行"图层"→"图层蒙版"→"隐藏全部"菜单命令，可创建出隐藏整个图层的蒙版。如果图像中有选区存在，则可执行"图层"→"图层蒙版"→"隐藏选区"菜单命令，根据选区创建隐藏选区内图像的蒙版。

2）编辑图层蒙版

在图层面板中，单击蒙版缩略图，使其成为当前状态，然后在工具箱中选择任意绘图工具，执行下列任一操作即可。

- 在蒙版图像上绘制黑色，可增加蒙版被屏蔽的区域，并显示更多的图像。
- 在蒙版图像上绘制白色，可减少蒙版被屏蔽的区域，并显示更少的图像。
- 在蒙版图像上绘制灰色，可创建半透明效果的屏蔽区域。

3．创建和编辑矢量蒙版

1）创建矢量蒙版

矢量蒙版是由路径工具和形状工具创建的，执行下列任一操作即可。

- 执行"图层"→"矢量蒙版"→"显示全部"菜单命令，可创建出显示整个图层的矢量蒙版。
- 执行"图层"→"矢量蒙版"→"隐藏全部"菜单命令，可创建出隐藏整个图层的矢量蒙版。
- 当图像中有路径存在且处于显示状态时，执行"图层"→"矢量蒙版"→"当前路径"菜单命令，可创建显示形状内容的矢量蒙版。

2）编辑矢量蒙版

在图层面板或路径面板中单击矢量蒙版缩略图，使其处于当前状态，然后利用钢笔工具或路径编辑工具更改路径形状，即可编辑矢量蒙版。

在图层面板中选择要编辑的矢量蒙版层，然后执行"图层"→"栅格化"→"矢量蒙版"命令，可将矢量蒙版转换为图层蒙版。

4．停用和启用蒙版

添加蒙版后，执行"图层"→"图层蒙版"→"停用"或"图层"→"矢量蒙版"→"停用"菜单命令，可将蒙版停用，此时在图层蒙版中的蒙版缩略图上会出现红色的交叉符号，且图像文件中会显示不带蒙版效果的图层内容。按住 Shift 键，反复单击图层蒙版中的蒙版缩略图，可在停用和启用蒙版之间进行切换。

5．应用或删除图层蒙版

完成图层蒙版的创建后，既可以应用蒙版，使其更改永久化，也可以删除蒙版而取消更改。

1）应用图层蒙版

执行"图层"→"图层蒙版"→"应用"菜单命令，或单击图层面板下方的 按钮，在弹出的对话框中单击"应用"按钮即可。

2）删除图层蒙版

执行"图层"→"图层蒙版"→"删除"菜单命令，或单击图层面板下方的 ▄ 按钮，在弹出的对话框中单击"删除"按钮即可。

6. 取消图层与蒙版的链接

在默认状态下，图层与蒙版处于链接状态。当使用移动工具移动图层或蒙版时，该图层及其蒙版会在图像文件中一起移动。若取消它们之间的链接，则可以单独移动。

执行"图层"→"图层蒙版"→"取消链接"或"图层"→"矢量蒙版"→"取消链接"菜单命令，即可取消链接。

在图层面板中，单击图层缩略图与蒙版缩略图之间的"链接"图标，则"链接"图标消失，表明图层与蒙版之间已取消链接；再次单击，则"链接"图标出现，表明图层与蒙版之间重新链接。

7. 创建剪贴蒙版

对两个或两个以上的图层创建剪贴蒙版，将利用创建剪贴蒙版层下方对象的轮廓来剪切上面的图层内容，从而保证两个图层的外轮廓对齐。

✈ 范例操作——剪贴蒙版的应用

（1）打开图像，如图8-17所示。激活路径工具，绘制如图8-18所示的路径，然后单击路径面板底部的"将路径作为选区载入"按钮，将路径转换为选区。

图8-17　打开图像　　　　　　　　　图8-18　绘制路径

（2）执行"选择"→"修改"→"羽化"菜单命令，在弹出的对话框中设置如图8-19所示的参数，单击"确定"按钮，效果如图8-20所示。

图 8-19　调整羽化参数

图 8-20　羽化选区

（3）新建"图层 1"图层，将前景色设置为任意色彩，激活渐变工具，如图 8-21 所示，进行由上至下的垂直渐变。

（4）取消选区。打开素材，如图 8-22 所示。激活移动工具，将其拖动至文件中，考虑到水果装入杯中的角度，可适当调整角度、大小与位置，效果如图 8-23 所示。

（5）此时图层面板如图 8-24 所示。以"图层 2"图层为当前选择层，执行"图层"→"创建剪贴蒙版"菜单命令，效果如图 8-25 所示。此时图层面板如图 8-26 所示。

图 8-21　填充渐变色

图 8-22　打开素材

图 8-23　复制素材

图 8-24　图层面板 1

图 8-25　创建剪贴蒙版效果 1

图 8-26　图层面板 2

（6）使用同样的方法，打开如图 8-27 所示的图片，复制后形成创建剪贴蒙版效果，如图 8-28 所示。调整"图层 2"图层的位置，最终效果如图 8-29 所示。

图 8-27　打开图片

图 8-28　创建剪贴蒙版效果 2

图 8-29　最终效果

8. 释放剪贴蒙版

（1）在图层面板中，选择剪贴蒙版中的任一图层，然后执行"图层"→"释放剪贴蒙版"菜单命令，即可释放蒙版，将图层还原为相互独立的状态。

（2）按住 Alt 键，将鼠标光标放置在分隔两组图层的线上，当光标显示为其他形状时单击，即可释放剪贴蒙版。

8.2.3　通道的应用

通道是保存不同颜色信息的灰度图像，可以存储图像中的颜色数据、蒙版或选区。每幅图像根据色彩模式不同，都有一个或多个通道，通过编辑通道中的各种信息可以对图像进行编辑处理。

在通道中，白色代替图像中的透明区域，表示要处理的部分，可以直接添加选区；黑色表示不需要处理的部分，不能直接添加选区。

1．通道类型

根据通道存储的内容不同，可以分为复合通道、单色通道、专色通道和 Alpha 通道，如图 8-30所示。

图 8-30　显示不同的通道

（1）复合通道（RGB/CMYK 通道）：不同色彩模式的图像通道数量不同，在默认状态下，位图、灰度和索引色彩模式的图像只有一个通道，RGB 和 Lab 色彩模式的图像有 3 个通道，CMYK 色彩模式的图像有 4 个通道。

通道面板最上面的一个通道称作复合通道，代表每个通道叠加后的图像颜色，下面的通道是拆分后的单色通道。

（2）单色通道：在通道面板中都显示为灰色，它通过 0~255 级亮度的灰度表示颜色。在通道中很难控制图像的颜色效果，所以一般不采取直接修改颜色通道的方法改变图像的颜色。

（3）专色通道：在进行颜色比较多的特殊印刷时，除了默认的颜色通道，还可以在图像中创建专色通道。比如印刷中常见的烫金、烫银或企业专有色等，都需要在图像处理时进行通道专有色的设定（在图像中添加专色通道后，必须将图像转换为多通道模式才能够进行印刷的输出）。

（4）Alpha 通道：单击通道面板底部的 + 按钮，可以创建新的 Alpha 通道。Alpha 通道是为保存选区而专门设计的通道，其作用主要是用来保存图像中的选区和蒙版。通常在创建一个新的图像时，并不一定生成 Alpha 通道，一般是在图像处理过程中为了制作特殊选区或蒙版而人为生成的，并可从中提取选区信息。因此在输出制版时，Alpha 通道会因为与最终生成的图像无关而被删除。但有时也要保留 Alpha 通道，特别是在三维软件最终输出作品时，会附带生成一个 Alpha 通道，方便在平面软件中进行后期处理。

2．通道面板

执行"窗口"→"通道"菜单命令，即可打开通道面板。利用通道面板可以对通道进行如下操作。

"指示通道可视性"图标 ：此图标与图层面板中的相同，单击此图标可以在显示与隐藏该通道之间进行切换。注意，当通道面板中某一单色通道被隐藏后，复合通道会自动隐藏；当选择或显示复合通道后，所有的单色通道将全部显示。

通道缩略图： 图标右侧为通道缩略图，其主要作用是显示通道的颜色信息。

通道名称：它可以使用户快速识别各种通道。通道名称的右侧为切换该通道的快捷键。

"将通道作为选区载入"按钮 ：单击此按钮，或按住 Ctrl 键单击某个通道，可以将该通道中颜色较淡的区域载入为选区。

"将选区存储为通道"按钮 ：单击此按钮，可将图像中的选区存储为 Alpha 通道。

"创建新通道"按钮 ：单击此按钮，可以创建一个新通道。

"删除当前通道"按钮 ：可以将当前选择或编辑的通道删除。

3．创建新通道

新建的通道主要有两种形式，分别为 Alpha 通道和专色通道。

（1）Alpha 通道的创建：单击通道面板右上角的 按钮，在弹出的菜单中选择"新建通道"选项，或按住 Alt 键单击通道面板下方的 按钮，在弹出的对话框中设置相应的参数，然后单击"确定"按钮，如图 8-31 所示。

（2）专色通道的创建：单击通道面板右上角的 按钮，在弹出的菜单中选择"新建专色通道"选项，或按住 Ctrl 键单击通道面板下方的 按钮，在弹出的对话框中设置相应的参数，然后单击"确定"按钮，如图 8-32 所示。

图 8-31 "新建通道"对话框

图 8-32 "新建专色通道"对话框

4．通道的复制与删除

单击通道面板右上角的■按钮，在弹出的菜单中选择"复制通道"/"删除通道"选项，即可对当前通道执行复制或删除操作。也可以将要复制或删除的通道作为当前通道，然后单击鼠标右键，在弹出的快捷菜单中选择相应的选项即可，如图 8-33 所示。

5．将颜色通道显示为原色

在默认状态下,单色通道以灰色图像显示,但也可以将其以原色显示。执行"编辑"→"首选项"→"界面"菜单命令,在弹出的对话框中勾选"用彩色显示通道"复选框,单击"确定"按钮，如图 8-34 所示。

6．分离通道

在图像处理过程中，有时需要将通道分离为多个单独的灰色图像，然后分别进行编辑处理，从而制作出各种特殊的图像效果。

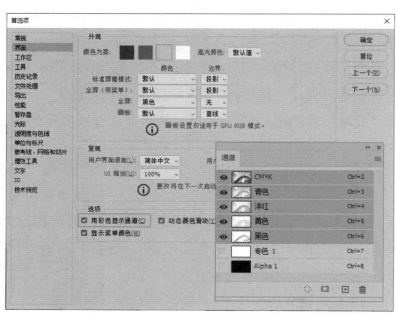

图 8-33　复制通道／删除通道　　　　　　　　图 8-34　"首选项"对话框

对于只有背景层的图像文件，单击通道面板右上角的■按钮，在弹出的菜单中选择"分离通道"选项，即可将图像中的颜色通道、Alpha 通道和专色通道分离出多个独立的灰度图像。此时源图像被关闭，生成的灰度图像以原文件名和通道缩写形式重新命名。

7．合并通道

分离后的图像同样可以再次合并为彩色图像。以改动后的相同像素、尺寸的任意一幅灰度图像为当前文件，单击通道面板右上角的■按钮，在弹出的菜单中选择"合并通道"选项，弹出如图 8-35 所示的对话框，设置必要的参数，单击"确定"按钮即可。

图 8-35　"合并通道"对话框

模式：用于指定合并图像的颜色模式，在其下拉列表中包括"RGB 颜色"、"CMYK 颜色"、"Lab 颜色"和"多通道"4 种颜色模式。

通道：决定合并图像的通道数目，该数值由图像的色彩模式决定。当选择"多通道"模式时，可以有任意数目的通道。

8.2.4　应用图像命令

执行"图像"→"应用图像"菜单命令，弹出如图 8-36 所示的对话框。

图 8-36　"应用图像"对话框

源：设置与目标对象合成的图像文件。如果当前窗口中打开了多个图像文件，则在此选项的列表中会一一罗列出来，供与目标对象合成时选择。

图层与通道：设置要与目标对象合成时参与的图层和通道。如果图像文件包含多个图层，则在图层列表中选择"合并图层"时，将使用源图像文件的所有图层与目标对象进行合成。如果只有背景层，则表现出来的只有背景。

反相：勾选此复选框后，将在混合图像时表现为通道内容的负片效果。

目标：当前将要执行的文件。

不透明度：用于设置目标文件的不透明度。

保留透明区域：勾选此复选框后，混合效果只应用到结果图层中的不透明区域。

蒙版：勾选此复选框后，将通过蒙版表现混合效果。可以选择任何颜色通道、选区或 Alpha 通道作为蒙版。

范例操作——应用图像命令的应用

（1）如果对两幅图像执行"应用图像"命令，则先决条件是这两幅图像必须是打开的，且具有相同的文件尺寸与分辨率。打开如图 8-37 和图 8-38 所示的两幅图像，目的是变换越野吉普车的环境。

图 8-37　原图 1

图 8-38　原图 2

（2）执行"图像"→"应用图像"菜单命令，在弹出的对话框中设置如图 8-39 所示的参数，单击"确定"按钮，效果如图 8-40 所示。

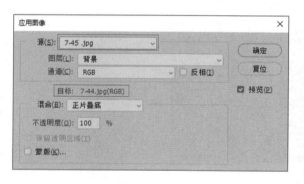

图 8-39　设置应用图像参数

图 8-40　应用图像效果

（3）激活历史记录画笔工具，设置一个边缘较为虚化的笔头，在吉普车上仔细拖曳鼠标，注意时刻更换笔头的大小，效果如图 8-41 所示。

（4）执行"图像"→"调整"→"亮度／对比度"菜单命令，调整参数，效果如图 8-42 所示。

图 8-41　修复效果

图 8-42　调整效果

8.2.5　计算命令

计算命令用于混合一个或多个图像的单个通道，可以将混合后的效果应用到当前图像的选区中，也可以应用到新图像或新通道中。应用此命令可以创建新的选区和通道，也可以创建新的灰度图像文件，但无法生成彩色图像。

执行"图像"→"计算"菜单命令，弹出如图 8-43 所示的对话框。

图 8-43　"计算"对话框

源 1 和源 2：可在其打开的下拉列表中分别选择二者。系统默认的源图像文件为当前选中的图像文件。

图层：可在其打开的下拉列表中分别选择参与运算的图层。当选择"合并图层"时，使用源图像文件中的所有图层参与运算。

通道：用于选择参与计算的通道。

结果：可在此下拉列表中选择混合放入的位置，包括"新建文档"、"新建通道"和"选区"3个选项。

✈ 范例操作——计算命令的应用

（1）打开素材图片，如图 8-44 和图 8-45 所示，目的是将图 8-44 中的背景改变为图 8-45中的瀑布效果。

图 8-44　素材图片 1

图 8-45　素材图片 2

（2）将图 8-45 全选后复制至图 8-44 中，根据实际需要调整大小，效果如图 8-46 所示。执行"图像"→"计算"菜单命令，在弹出的对话框中设置如图 8-47 所示的参数，此时预览效果如图 8-48 所示，单击"确定"按钮，创建选区效果如图 8-49 所示。

图 8-46　复制素材

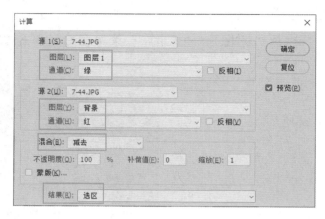

图 8-47　设置计算参数

图 8-48　预览效果

图 8-49　创建选区效果

（3）此时观察选区可以看到许多细小的多余选区，可以使用选择工具减去多余选区，或者执行"选择"→"修改"→"羽化"菜单命令，在弹出的对话框中设置如图 8-50 所示的参数，单击"确定"按钮，效果如图 8-51 所示。

（4）执行"选择"→"反选"菜单命令，将选区反选，然后按 Delete 键，效果如图 8-52 所示。

图 8-50　"羽化选区"对话框

图 8-51　羽化效果

图 8-52　最终效果

8.3　实例解析

8.3.1　图像合成案例 1

下面主要用通道来进行简单的图像合成。

（1）打开图片"旧书"，如图 8-53 所示。激活多边形套索工具，如图 8-54 所示，根据设计需要在书的右页绘制选区。

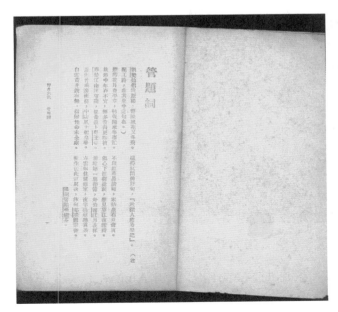

图 8-53　图片"旧书"

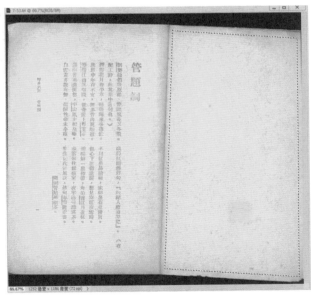

图 8-54　绘制选区

（2）保持选区的存在。执行"窗口"→"通道"菜单命令，打开通道面板，如图 8-55 所示，新建 Alpha1 通道，然后为选区填充默认白色，效果如图 8-56 所示。

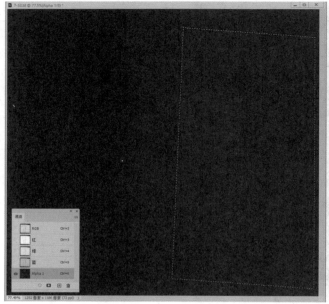

图 8-55　新建 Alpha1 通道

图 8-56　填充选区

（3）取消选区，执行"滤镜"→"模糊"→"高斯模糊"菜单命令，弹出如图 8-57 所示的对话框，设置半径为 12 像素，单击"确定"按钮，效果如图 8-58 所示。

图 8-57　"高斯模糊"对话框

图 8-58　高斯模糊效果

（4）单击 RGB 通道，回到标准状态。如图 8-59 所示，按住 Ctrl 键，单击 Alpha1 通道缩略图，载入选区，此时可以观察到选区的 4 个角变成圆角。

（5）这一步制作神奇的"合成"效果。打开图片，如图 8-60 所示。按 Ctrl+A 组合键全选该图片并复制。激活"旧书"图层，执行"编辑"→"选择性粘贴"→"贴入"菜单命令，效果如图 8-61 所示。激活移动工具，可以移动贴入的素材，按 Ctrl+T 组合键调整至适合大小，效果如图 8-62 所示。

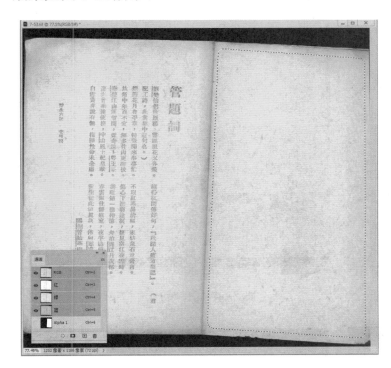

图 8-59　载入选区

图 8-60　打开图片

图 8-61　贴入素材

图 8-62　调整素材

（6）此时的图层面板如图 8-63 所示。从画面中可以看出，其合成效果还显得很生硬，将图层面板中的图层混合模式"正常"改为"变暗"，如图 8-64 所示，一本带有岁月痕迹的书便呈现在眼前。这样两张图片就非常自然地合成在一起了，最终效果如图 8-65 所示。当然，根据目的不同，通过改变图层混合模式，还可以制作出其他效果，如图 8-66 所示，大家不妨尝试改变图层混合模式。

图 8-63　图层面板

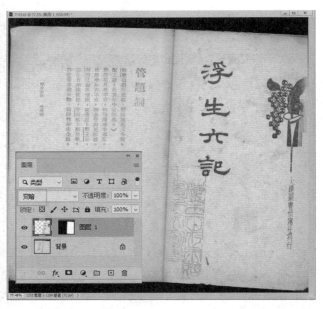

图 8-64　"变暗"模式效果

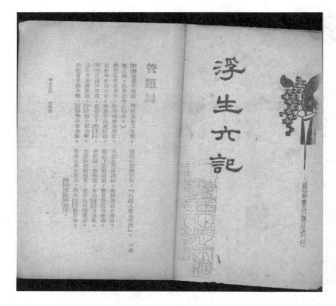

图 8-65　最终效果

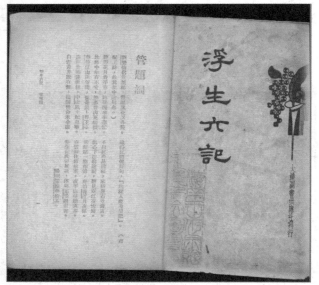

图 8-66　改变图层混合模式后的效果

8.3.2　图像合成案例 2

下面主要用快速蒙版来进行简单的图像合成。

（1）打开图像并选择人物（利用魔棒等相关工具），如图 8-67 所示，将其复制形成"图层 1"图层，以背景层为标准，防止在变化过程中发生太大变化。

（2）考虑落水动作的规范，应该将双手适当合并，因此该过程主要通过"编辑"菜单中的"操控变形"命令来完成双手合并的动作。如图 8-68 所示，根据主要关节部位，从右边依次添加图钉并调整位置，然后调整左边，在调整过程中，根据情况变化，需要在右边继续添加图钉，效果如图 8-69 所示。

图 8-67　复制图像

图 8-68　调整左臂

图 8-69　调整右臂

（3）打开另一张图片，将调整好的人物复制并旋转，效果如图 8-70 所示。此时图层面板如图 8-71 所示。

图 8-70　复制并旋转人物

图 8-71　图层面板

（4）以背景层为当前选择层，激活椭圆选框工具，在如图 8-72 所示的位置绘制选区。

（5）执行"滤镜"→"扭曲"→"水波"菜单命令，在弹出的对话框中设置如图 8-73 所示的参数，单击"确定"按钮，效果如图 8-74 所示。

（6）以"图层 1"图层为当前选择层，单击工具箱底部的"快速蒙版"按钮，如图 8-75 所示。激活渐变工具，从人物中间部位向下拖动，形成入水效果，如图 8-76 所示。

图 8-72　绘制选区

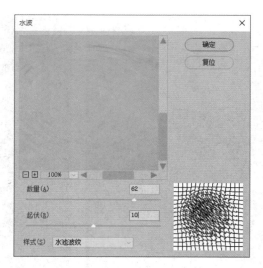

图 8-73　"水波"对话框

图 8-74　水波效果

图 8-75　单击"快速蒙版"按钮

图 8-76　入水效果

8.3.3　图像合成案例 3

图 8-77　打开图片

（1）打开图片，如图 8-77 所示。单击图层面板底部的"创建新图层"按钮，新建"图层 1"图层并将其填充为白色。

（2）打开通道面板，单击底部的"创建新通道"按钮，新建 Alpha1 通道，效果如图 8-78 所示。

（3）激活渐变工具，设置渐变模式为"径向"，填充如图 8-79 所示的黑白渐变效果。

（4）执行"滤镜"→"模糊"→"高斯模糊"菜单命令，在弹出的对话框中设置如图 8-80 所示的参数，单击"确定"按钮，效果如图 8-81 所示。

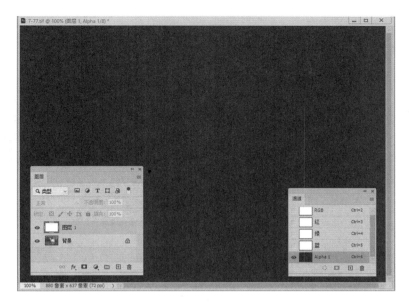

图 8-78　新建 Alpha1 通道

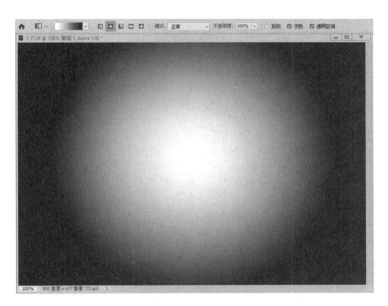

图 8-79　填充黑白渐变效果

图 8-80　"高斯模糊"对话框

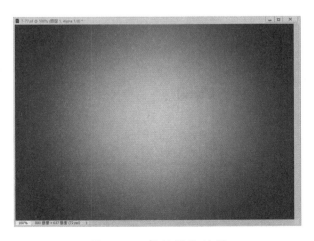

图 8-81　高斯模糊效果

（5）执行"滤镜"→"像素化"→"彩色半调"菜单命令,在弹出的对话框中设置如图 8-82 所示的参数,单击"确定"按钮,效果如图 8-83 所示。

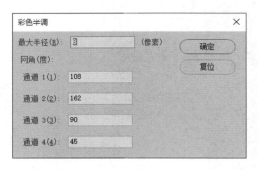

图 8-82　"彩色半调"对话框

图 8-83　彩色半调效果

（6）单击 RGB 通道,返回原状态,按住 Ctrl 键单击 Alpha1 通道,效果如图 8-84 所示。

图 8-84　载入选区效果

（7）设置前景色为黑色,执行"编辑"→"描边"菜单命令,在弹出的对话框中设置如图 8-85 所示的参数,单击"确定"按钮,取消选区,效果如图 8-86 所示。

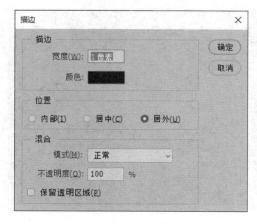

图 8-85　"描边"对话框

图 8-86　描边效果

（8）执行"滤镜"→"扭曲"→"挤压"菜单命令，在弹出的对话框中设置如图8-87所示的参数，单击"确定"按钮，效果如图8-88所示。

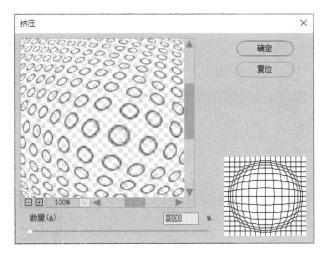

图8-87　"挤压"对话框

图8-88　挤压效果

（9）可根据画面效果多次执行"挤压"命令，调整"图层1"图层的位置并适当剪切画面，输入文字，效果如图8-1所示。这就是经典的"波尔卡圆点"的制作过程。

8.4　常用小技巧

Photoshop中的大多数命令和工具操作都可以记录在动作中，即使有些操作不能被记录，如使用绘图工具等，也可以通过插入停止命令，使动作在执行到某一步时暂停，然后便可以对文本进行修改，修改后可继续播放后续的动作。Photoshop可记录的动作大致包括用选框、移动、多边形、套索、魔棒、裁剪、切片、魔术橡皮擦、渐变、油漆桶、文字、形状、注释、吸管和颜色取样器等工具执行的操作，也可以记录在"色板"、"颜色"、"图层"、"样式"、"路径"、"通道"、"历史记录"和"动作"面板中执行的操作。

8.5　相关知识链接

1.数码摄影应该注意的问题

（1）拍摄时尽可能地使用三脚架，一方面可以提高图像在实际像素下的清晰度，另一方面可以保证曝光量。

（2）合理使用感光度（ISO值）。数码相机的感光度值一般分为ISO 5、ISO 100、ISO 200、ISO 400、ISO 800及ISO 1600。在光线充足的情况下使用低感光度，如阳光充足的海边沙滩；当光线较弱时使用高感光度（这样快门速度相对提高，减弱因快门速度过慢而引起的图像模糊），如灯光昏暗的酒吧。

在调整感光度时不可忽视的一点是，低感光度拍摄噪点相对少，图像较细腻；高感光度拍摄噪点相对多，图像较粗糙。

（3）正确使用白平衡。白平衡，通俗来讲就是数码相机感光元件对实际光线色温的一种调整，使画面颜色还原度达到最佳。白平衡一般分为阳光、阴影、白炽灯和荧光灯 4 种模式，拍摄时选择与拍摄场景的光线相对应的模式即可。

在使用闪光灯的情况下拍摄人像，请使用防红眼功能。

数码相机与传统相机的区别在于感光元件的不同。数码相机的感光元件随着工作时间的增加，温度会升高，这时所拍摄的图像噪点明显。建议适当关闭相机，留给其一个降温的时间，特别是长时间的曝光。

2．数码照片后期处理

Photoshop 尤其在数码照片后期处理方面功能强大，但是切忌忽视拍摄，片面依赖后期处理。好的图片在拍摄时就已经产生，经过后期处理会更加出色。

数码照片后期处理，在图像的调整方面务必谨慎，以免"伤"图，图片中的大量信息会因为调整不当而丢失、影响层次，除非有特殊效果要求。

数字输出方式的成熟只有短短十来年的历史，而色彩管理的运用更是近些年的事情，尽管历史不长，但数字技术所带来的技术进步是有目共睹的。数字技术将视觉艺术引领至一个崭新的时代。

第9章 网页设计——图像调节技术的应用

网页设计除去技术问题外，仍属于平面设计的范畴。因此，网页设计说到底就是版式设计。作为版式设计，网页的布局设计变得越来越重要。虽然内容很重要，但只有当网页布局和网页内容成功结合时，这种网页或者说站点才是受人喜欢的。

而主页的设计应以醒目优先，切勿堆砌太多不必要的细节，否则会使画面过于复杂。要做到这一点，首先要在整体上规划好自己网站的主题和内容，确定自己需要传达给访问用户的主要信息，然后仔细斟酌，把自己所有要表达的内容合情合理地组织起来；其次，设计一个富有个性的页面式样，务求尽善尽美。这样制作出来的主页才会清晰、明了、内容充实。切记，主页面给人的第一观感最为重要！网上到处浏览网站的人很多，如果主页给人的第一印象是没有吸引力，就很难令人深入观赏，而且恐怕他再也不会访问你的网站了。

一般制作网页都使用 Dreamweaver 软件，也可以使用 Photoshop 在网页设计中制作各种效果。同时许多网页使用了 Flash 动画影像，这使网页更加生动。其实在网页设计中运用 Photoshop 软件，在大多数情况下还是制作静态效果。下面的案例主要通过静态画面的一些效果展示 Photoshop 2020 的魅力。

9.1 网页设计案例分析

1. 创意定位

扁平化设计是一种极简主义的美术设计风格，通过简单的图形、字体和颜色的组合，来达到直观、简洁的设计目的，如图 9-1 所示。随着计算机网络技术的发展，扁平化设计风格越来越多地应用于网站、移动端等人机交互界面，以迎合使用者对信息快速阅读和吸收的要求。这一章主要学习 Photoshop 2020 在网页设计中的应用。

网页设计需要把握的原则：主题突出、主次分明、巧设机关、善用材质。本网页设计就是依据这些原则而设计的。

2. 所用知识点

- 滤镜命令。
- 图层样式命令。
- 填充命令。
- 变换命令。

图 9-1　个性化网页

3．制作分析

本案例主要通过 3 个环节完成。

- 制作网页的形象页，主要运用变换命令等形成空间效果。
- 制作按钮，利用了前面学过的图形工具和填充工具。
- 将制作好的素材拼合在一起。

9.2　知识卡片

9.2.1　图像调节技术的应用

图像调节主要是调节图像的层次、色彩、清晰度、反差。层次调节就是调节图像的高调、中间调、暗调之间的关系，使图像层次分明；色彩调节主要是纠正图像的偏色，使颜色与原稿保持一致或追求特殊设计效果时对色彩的调节；清晰度调节主要是调节图像的细节，使图像在视觉上更清晰；反差调节就是调节图像的对比度。该组命令主要以"图像"→"调整"展开的命令为主，如图9-2所示，下面将对其一一解释。

如果被调节的图像用于印刷品的设计，则在开始进行图像调节之前，首先要做的工作就是确定图像的色彩模式是CMYK。

1. 亮度 / 对比度调整

执行"图像"→"调整"→"亮度 / 对比度"菜单命令，可以调整图像的亮度和对比度，在"亮度 / 对比度"对话框中移动滑块或输入数值，即可对图像进行简单处理，如图9-3所示。

图 9-2　"图像"下拉菜单

图 9-3　"亮度 / 对比度"对话框

2. 色阶调节

色阶（Levels）是图像阶调调节工具，它主要用于调节图像的主通道及各分色通道的阶调层次分布，对改变图像的层次效果明显。色阶对图像的亮调、中间调和暗调的调节有较强的效果，但不容易具体控制到某一网点百分比附近的阶调变化。执行"图像"→"调整"→"色阶"菜单命令，弹出"色阶"对话框，通过此对话框可调节图像的阶调分布，如图 9-4 所示。

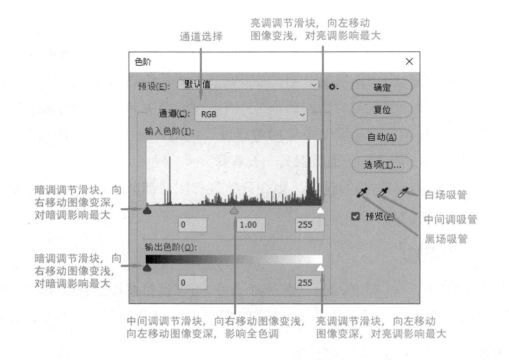

图 9-4 "色阶"对话框

1）确定图像的黑、白场

图像的黑、白场是指图像中最暗和最亮的地方。通过黑、白场的确定控制图像的深浅和阶调。确定方法就是将图 9-4 中的黑、白场吸管放到图像中最暗和最亮的位置。

白场的确定应选择图像中较亮或最亮的点，如反光点、灯光、白色的物体等。白场的确定值 C、M、Y、K 的色值应在 5% 以下，以避免图像的阶调有太大的变化。

黑场的确定应选择图像中的黑色位置，且选择的点应有足够的密度。正常的原稿，黑场点的 K 值应在 95% 左右。如果图像原稿暗调较亮，则黑场可选择较暗的点，以将图像阶调调深。如果图像中暗调不足，则应选择相对较暗的位置设置黑场。

中间调吸管一般很少用到，因为中间色调是很难确定的。对一些图像阶调较平、很难找到亮点和黑点的图像，不一定非要确定黑、白场。

2）通过滑块调节图像阶调

色阶工具可以对图像的混合通道和单个通道的颜色和层次进行调节。

通道的选择包含 RGB 或 CMYK 复合通道的选择或单一通道的色彩信息的选择，色阶工具可以对图像的混合通道和单个通道的颜色和层次分别进行调节。

当输出色阶的黑白三角形滑块重合时，即所有色阶并级在一点时，图像就变成了中性灰。

在实际应用中，色阶工具主要对图像的明暗层次进行改变与调整，虽然其具备纠正颜色的偏色功能，但其在调整过程中有时效率并不高。

3．曲线调节

曲线命令与色阶命令类似，但其调节色调层次比色阶命令功能更强、更直观，调节图像偏色比色阶命令更方便。在对图像进行调节时，若涉及高光及暗调，或需要调节图像黑场、白场，则使用色阶命令；若需要进行细致调节，则使用曲线命令。如图9-5所示，在"曲线"对话框中，坐标曲线的横轴表示图像当前的色阶值，纵轴表示图像调整后的色阶值。

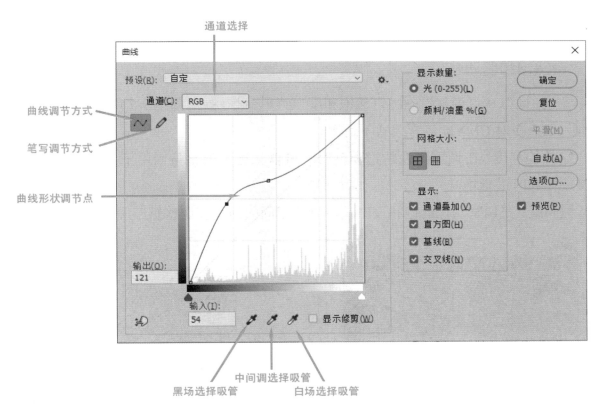

图9-5　"曲线"对话框

1）图像整体调节

图像整体调节一般采用曲线调节中的"S"形曲线调节。在大多数情况下，图像可用"S"形曲线进行调整。"S"形曲线是根据人眼的视觉特性绘制的，可以使相近的亮色调之间变化自然，并且可加大对比度。如果单纯将亮调曲线上移，而曲线仍保持一条直线，则会使图像中最亮的色调区域较暗且缺少层次。

2）偏色调节

曲线工具对图像偏色的调节，一般通过对某一通道产生作用来纠正偏色。在"曲线"对话框中的"通道"选项中选择某个通道进行调整。

3）特殊效果调节

曲线工具还可通过画笔来绘制图像的调节曲线，一般此种操作不用来调节图像，而用来产生一些特殊效果。这种绘制式的调节带有很大的随机性。

4．曝光度调整

执行"图像"→"调整"→"曝光度"菜单命令，即可打开如图 9-6 所示的"曝光度"对话框，在该对话框中可以通过拖动滑块来调整图像，但是该命令对 CMYK 色彩模式不适用。

① 预设：在其下拉列表中可以选择一种预设的曝光效果。

② 曝光度：拖动滑块可以调整图像的整体曝光度。

③ 位移：可以使阴影和中间调变暗，对高光的影响很小。

④ 灰度系数校正：可以使用简单的乘方函数调整图像的灰度系数。

5．自然饱和度调整

执行"图像"→"调整"→"自然饱和度"菜单命令，弹出如图 9-7 所示的"自然饱和度"对话框。该命令对 CMYK 色彩模式不适用。

① 自然饱和度：在调整图像的饱和度时，可以将更多调整量应用于不饱和的颜色，并在颜色接近饱和时进行增减。

② 饱和度：在调整图像的饱和度时，可以将相同的饱和度调整量应用于所有颜色。

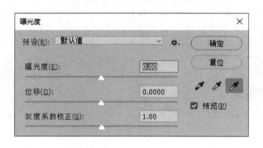

图 9-6 "曝光度"对话框

图 9-7 "自然饱和度"对话框

6．色相／饱和度调整

色相／饱和度调整是根据颜色的属性，即色相、亮度、饱和度来对图像进行调节的。

执行"图像"→"调整"→"色相／饱和度"菜单命令，弹出"色相／饱和度"对话框，如图 9-8 所示。它可对图像的所有颜色或指定的 C、M、Y、R、G、B 进行调节。对特定颜色的色相、亮度、饱和度属性的改变作用很大。在使用该工具对某一种颜色进行调整时，不影响其他颜色，有较强的选择性与针对性，它是对图像进行色彩调整的主要工具。

在使用"色相／饱和度"命令调节图像时，有一点需要注意，调节不要过量。如果调节过量，则不但达不到调节的目的，反倒会破坏图像。

7．色彩平衡调节

色彩平衡是用来调节颜色平衡的工具，可以分别对图像的暗调、中间调、亮调进行调节。执行"图像"→"调整"→"色彩平衡"菜单命令，弹出"色彩平衡"对话框（如图 9-9）所示，其中的三角形颜色调整滑块向哪个方向移动，颜色便偏向哪个方向。

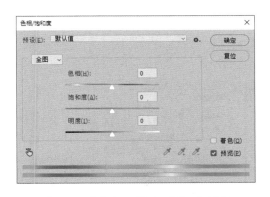
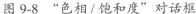

图 9-8 "色相/饱和度"对话框

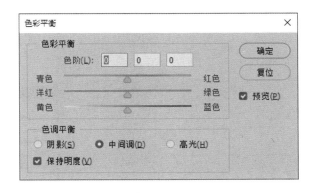

图 9-9 "色彩平衡"对话框

色彩平衡工具在调节某一种颜色时，会对其他颜色产生影响，而且也会给图像的层次带来不可预料的变化，所以色彩平衡工具一般只用来对颜色进行调节幅度不大的调整，一般情况下建议少用为佳。

8. 黑白调整

执行"图像"→"调整"→"黑白"菜单命令,弹出如图 9-10 所示的对话框。当执行该命令后，可以将图像变为灰度图像。在对话框中还可以为图像选择一种单色，将图像转换为单色图像。

① 预设：在其下拉列表中可以选择一种预设的调整设置。

② 颜色滑块：拖动颜色滑块可以调整不同颜色的亮度，向左拖动可以使颜色变暗，向右拖动可以使颜色变亮。

③ 色调：勾选此复选框后，调整下方"色相"和"饱和度"选项的滑块，可以对灰度图像应用单色调。

④ 自动(A)：单击该按钮，可以设置基于图像颜色值的灰度混合,并使灰度值分布最大化。自动混合通常会产生极佳的效果，并可以用作使用颜色滑块调整灰度值的起点。

9. 可选颜色调整

执行"图像"→"调整"→"可选颜色"菜单命令,弹出"可选颜色"对话框,如图 9-11 所示。"可选颜色"是另外一种校色方法，它针对性更强，可以针对图像的某个色系选择颜色进行调整。其最大的优点在于对其他颜色几乎没有影响，所以在调节图片偏色时非常有用，是设计师常用的校色工具。

应用"可选颜色"命令调整图像颜色时应注意以下几点：

① 在调整过程中注意不要对不需要调节的色彩产生影响。

② 一般情况下，应使用"相对"方法，以免使图像阶调变化太大。

③ 在进行颜色调整时，要确定色彩模式是 CMYK。

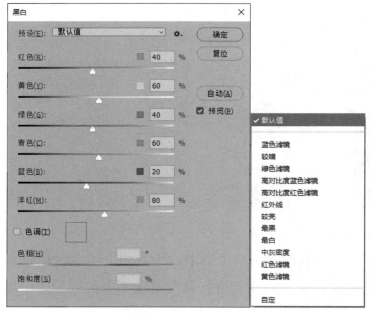

图 9-10 "黑白"对话框 　　　　　　　　图 9-11 "可选颜色"对话框

以上是 Photoshop 2020 中几种常用到的图像色彩调整工具，每种工具各有特点，各有所长。从美术创作角度讲，使用色相 / 饱和度工具进行调整更合适。而可选颜色工具是通过网点的百分比来进行调节的，所以更适合印刷品设计的颜色调整。

9.2.2 图像清晰度调节

Photoshop 除了在图像的色彩、阶调等方面对图像进行较好的调节，对于设计师来说，最常用到的还是对图像清晰度的调节。图像清晰度的调节主要包括两个方面，一方面是图像清晰度的强调，另一方面是图像的去噪。这是两个相反的过程，强调清晰度会产生噪声，去噪则会降低清晰度。

图像清晰度的强调和图像的去噪都主要适用于扫描的图像，因为扫描的图像清晰度都不高，且由于存在印刷网纹，图像也会比较粗糙，即有噪声。

1. 图像的去噪

在对印刷品进行扫描时，要对原稿进行去网处理，消除图像上的网纹，这个过程实际上是通过图像虚化的方式实现的。去噪就是消除或减少印刷品经扫描后产生的网纹。在 Photoshop 中有两种工具可以对图像进行去噪：

- 执行"滤镜"→"杂色"→"去斑"菜单命令，可以完成图像的去噪。但是去斑命令没有可调节的参数，只能按一个整体进行去除，所以功能较弱。
- 执行"滤镜"→"杂色"→"蒙尘与划痕"菜单命令。使用蒙尘与划痕命令调节图像，既能去除图像的噪声，又能保证图像的清晰度，通过调节相应的参数完成图像的去噪。

下面通过对参数进行调整观察一下图像的变化，以图 9-12 为原图进行对比说明。

增加去噪半径，如图 9-13 所示，可以看到图像已经变得模糊不清。半径越大，去噪效果越强。

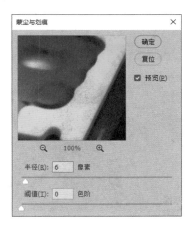

图 9-12　原图　　　　　　　　　　　　　　　图 9-13　增加去噪半径

增加去噪的阈值，如图 9-14 所示，可以看到图像去噪作用很小。阈值数值越大，去噪效果越弱。

同时调整半径与阈值，如图 9-15 所示，可以将图像调节得恰到好处。

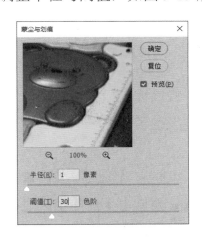

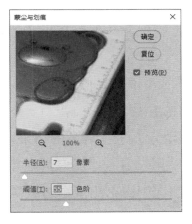

图 9-14　增加去噪的阈值　　　　　　　　　　图 9-15　同时调整半径与阈值

利用通道去噪是获得较好去噪效果的一种有效方式，尤其是针对图像各通道噪声不一致的图像，去噪效果更好。通过这种通道的分别处理，可保证没有噪声通道的清晰度，也就保证了整个图像的清晰度。

如图 9-16 所示，打开通道面板后，依次选取不同的通道进行去噪，方法同上。

2．图像清晰度的强调

并不是所有的图像清晰度都符合要求，尤其是扫描后的图像。对于清晰度不高的图像则需要在图像软件中进行调整。下面以 Photoshop 2020 软件为例，介绍如何调整图像的清晰度。

在 Photoshop 2020 中调整图像清晰度的方式如图 9-17 所示，其中只有"USM 锐化"命令具有参数调节功能，可以对图像的清晰度进行细微的调节。

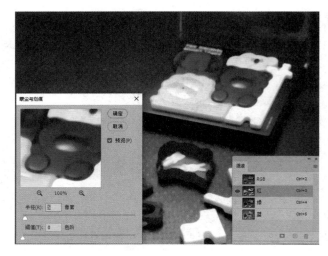

图 9-16　选择单一通道进行去噪　　　　　图 9-17　锐化菜单

调节参数如下（见图 9-18）。

- 数量：即清晰度调节的幅度，数值越大，调节幅度越大。
- 半径：即以某一像素为中心，进行数学计算的像素范围。为避免图像调节过度，半径以低于 2.0 像素为佳。
- 阈值：指像素灰度值与正在处理的中心像素值的差值大小。阈值越大，清晰度变化幅度越小。

执行 "USM 锐化" 命令，观察图像显示框内的图像。将鼠标光标移动到图像上，单击鼠标显示框内的参数。改变框内参数，显示框内图像的清晰度发生了变化，这是使用 "USM 锐化" 命令对图像清晰度进行调节的结果。

"USM 锐化" 命令对图像清晰度的调节没有什么定值，但有一个原则：当图像显示比例为 100% 时，图像中没有出现白边或颗粒。当出现细小颗粒时，意味着不能再继续进行调节。在调节过程中需要注意的是，半径越大，出现白边的可能性越大。图 9-19 所示为调节过度出现白边的实例。

图 9-18　"USM 锐化" 对话框　　　　　图 9-19　调节过度出现白边

使用"USM 锐化"命令不但可以调节整个图像的清晰度，还可以对图像局部的清晰度进行调整。如果调节图像局部的清晰度，则使用选择工具将该区域选择，执行"USM 锐化"命令进行调节即可。需要注意的是，选择区域后，应该对选择区域边缘进行羽化，以避免边缘生硬。

9.3 实例解析

9.3.1 按钮设计案例

其实在网页界面构成中还有一个不可忽视的元素，就是按钮。当前在页面中要强调的链接自然会以按钮的形式出现，尤其是所谓的重量级按钮，是促成观者完成页面功能的重要部分，所以对于其本身来讲，应该具有"吸引眼球"的效果。对于一个可以起到"吸引"作用的按钮，建议从下面几个方面来思考。

1）按钮本身的颜色

按钮本身的颜色应该区别于它周边的环境色。好的按钮的设计颜色一定是与众不同的，通常它需要更亮且有高对比度的颜色，如图 9-20 所示。

图 9-20 紫色的按钮

2）按钮的位置

设置按钮位置时需要仔细考究，基本原则是要容易找到，如放在产品旁边、页头、导航的顶部右侧，特别重要的按钮应该放在画面的中心位置，如图 9-21 所示。

3）按钮上面的文字表述

在按钮上使用什么文字给用户传递信息非常重要，需要言简意赅、直接明了，如使用"注册""下载""创建""免费试玩""增值服务"等文字，甚至有时候使用"点击进入"。需要注意的是，千万不要让浏览者去思考，越简单、越直接越好，同样不能误导或欺骗用户。

图 9-21　按钮位置清晰可见

4）按钮的尺寸

通常来讲，一个页面中按钮的大小也决定了其本身的重要级别，但并不是越大越好，尺寸应该适中，因为按钮大到一定程度会让人觉得不像按钮，潜意识里认为那是一块区域，从而导致没有点击欲望。如图 9-22 所示，按钮清晰可辨。

图 9-22　恰当的按钮尺寸

5）让按钮充分通透

按钮不能和网页中的其他元素挤在一起，它需要足够的"外边距"才能更加突出，也需要更多的"内边距"才能让文字更容易阅读，如图 9-23 所示。

图 9-23　极易辨认的按钮

6）注意鼠标滑过的效果

有些时候，对于一些重要的按钮，可以适当添加一些鼠标滑过的效果，这样会有力地增强按钮的点击感，给用户带来良好的用户体验，起到画龙点睛的作用。但要注意的是，这种效果不太适合按钮集中的场景。如果每个按钮都添加高亮的鼠标滑过的效果，则会造成视觉杂乱，影响用户浏览的舒适度，所以要强调的是"恰当"地添加鼠标滑过的效果，如图 9-24 所示。

图 9-24　每个按钮都有不同的特效

其实在我们平常的设计当中，有很多按钮需要"低调"处理。也就是说，在一个页面中，众多的按钮是有功能优先级别的，这样就务必要让一堆按钮也呈现出视觉的优先级别。按钮群除了可以通过大小、位置区分优先级别，还有很重要的一点是色块的区分。高饱和色块的按钮群不建议存在。高饱和色调的应用往往是为了突出重点，而非强调整体，所以这种局部的处理方式建议用众多的低饱和色块来衬托小部分高饱和色块的重点信息。

7）游戏按钮视觉表现

在众多的游戏官网中，可以看到各式各样的游戏按钮。相对于一般商务型按钮来讲，游戏按钮更加在意质感的表现，比如金属、石头、玻璃、木头、塑胶等，通过质感的选择表现来表达游戏本身的特质。

在对游戏按钮进行设计的时候，需要尽可能地结合游戏的特质，研究其独特性，细腻刻画，然后做到系统应用，以达到视觉的统一性，这种在游戏官网上的应用尤为重要。

通常别样的按钮基本都是整个画面的重点视觉诉求，也是功能的重要点。根据每次要表达的主题，变化设计按钮，以求达到整体画面的协调与重点的突出。

1．水晶心形按钮设计案例

（1）打开如图 9-25 所示的"玫瑰花"素材。

（2）激活工具箱中的快速选择工具，如图 9-26 所示，将白色底色部分全部选取。

图 9-25 "玫瑰花"素材

图 9-26 选取白色部分

（3）执行"选择"→"修改"→"扩展"菜单命令，弹出如图 9-27 所示的对话框，将扩展量设置为 1 像素，单击"确定"按钮。

（4）激活工具箱中的吸管工具，如图 9-28 所示，吸取玫瑰花瓣中较暗（但不是最暗）的红色部分。

图 9-27 "扩展选区"对话框

图 9-28 使用吸管工具吸取颜色

（5）执行"编辑"→"填充"菜单命令，在弹出的对话框中选择前景色，单击"确定"按钮，效果如图 9-29 所示。

（6）激活工具箱中的钢笔工具，选择其属性栏中的"路径"选项，在图中相应位置绘制半个心形路径，通过直接选择工具调整节点，使其形态完美，曲线流畅，效果如图 9-30 所示。

图 9-29 填充选区

图 9-30 绘制半个心形路径

（7）单击路径面板右上角的按钮，在弹出的菜单中选择"存储路径"命令，将刚创建的半个心形路径存储为"路径1"。然后单击面板下方的"将路径作为选区载入"按钮，将路径转换为选区，效果如图9-31所示。

（8）如图9-32所示，在图层面板中新建"图层1"图层。

（9）执行"编辑"→"填充"菜单命令，在弹出的对话框中选择白色，将半个心形填充为白色（临时颜色），效果如图9-33所示。

（10）如图9-34所示，复制"图层1"图层为"图层1副本"图层。

图9-31　将路径转换为选区1

图9-32　新建"图层1"图层

图9-33　填充半个心形为白色

图9-34　复制图层

（11）执行"编辑"→"变换"→"水平翻转"菜单命令，激活工具箱中的移动工具，按住Shift键将复制得到的半个心形水平移动至如图9-35所示的位置，使得两个图形对接为一个完整的心形。

（12）如图9-36所示，将"图层1副本"图层与"图层1"图层合并，形成一个完整的心形。

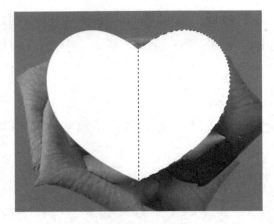

图 9-35　移动复制得到的半个心形

图 9-36　合并图层

（13）执行"选择"→"载入选区"菜单命令，在弹出的对话框中的"通道"下拉列表中选择"图层 1 透明"选项，单击"确定"按钮即可载入选区，如图 9-37 所示。

（14）在图层面板中，如图 9-38 所示，以背景层作为当前选择层，并关闭"图层 1"图层的"眼睛"。

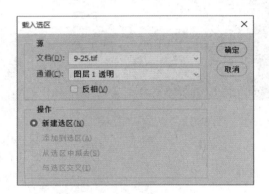

图 9-37　载入选区

图 9-38　关闭"图层 1"图层

（15）如图 9-39 所示，执行"选择"→"反选"菜单命令，将选区反选。

（16）按 Delete 键删除周围红色部分，效果如图 9-40 所示。

图 9-39　载入并反选选区

图 9-40　删除周围红色部分

（17）保持选区的存在。如图 9-41 所示，在图层面板中，以"图层 1"图层为当前选择层，并将"眼睛"打开。

（18）激活工具箱中的渐变工具，单击属性栏中的"编辑渐变"按钮，在弹出的"渐变编辑器"窗口中进行如图 9-42 所示的浅红色到深红色渐变。

图 9-41　打开"图层 1"图层

图 9-42　设置渐变色

（19）在属性栏中单击"径向渐变"按钮，以心形的中心偏上位置为起点，拖动鼠标光标至心形外框处，效果如图 9-43 所示。

（20）如图 9-44 所示，在图层面板中，设置"图层 1"图层的"不透明度"为 50%，效果如图 9-45 所示。

（21）如图 9-46 所示，在图层面板中新建"图层 2"图层。

图 9-43　填充渐变色 1

图 9-44　设置图层的不透明度

图 9-45　设置不透明度后的效果

图 9-46　新建"图层 2"图层

（22）激活钢笔工具，绘制如图 9-47 所示的形状路径并调整线条，使之流畅、圆滑。

（23）单击路径面板下方的"将路径作为选区载入"按钮，将路径转换为选区，效果如图 9-48
所示。

图 9-47　绘制形状路径

图 9-48　将路径转换为选区 2

（24）激活工具箱中的渐变工具，在其属性栏中选择渐变方式为"线性渐变"，如图 9-49
所示，编辑渐变色为"白色到透明"。

（25）在图中拖动鼠标的跨度如图 9-50 所示，拖动时按住 Shift 键，从而保证垂直直线渐
变效果。

图 9-49　"渐变编辑器"窗口

渐
变
跨
度

图 9-50　填充渐变色 2

（26）合并图层，最终效果如图 9-51 所示。如果调整"色相／饱和度"参数，则可以实现如图 9-52 所示的紫色玫瑰水晶心效果，大家不妨尝试一下。

图 9-51　最终效果

图 9-52　紫色玫瑰水晶心效果

2．圆形按钮设计案例

（1）新建文件，其参数设置如图 9-53 所示。

（2）如图 9-54 所示，在图层面板中新建"图层 1"图层。

（3）激活工具箱中的椭圆选框工具，按住 Shift 键绘制一个正圆选区，如图 9-55 所示。

（4）设置前景色为绿色，背景色为深绿色。激活工具箱中的渐变工具，在其属性栏中选择径向渐变方式，从左上到右下填充渐变色，效果如图 9-56 所示。

图 9-53　新建文件

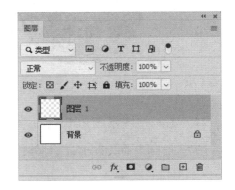

图 9-54　新建"图层 1"图层

图 9-55　绘制正圆选区

图 9-56　填充正圆选区

（5）在图层面板中，单击底部的"添加图层样式"按钮，添加"斜面和浮雕"图层样式，设置如图 9-57 所示的参数。

（6）继续添加"等高线"图层样式，等高线参数设置如图 9-58 所示，并调整范围至 100%。

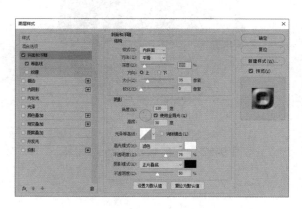

图 9-57　设置斜面和浮雕参数

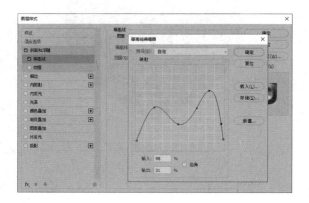

图 9-58　设置等高线参数

（7）完成参数设置后，单击"确定"按钮，效果如图 9-59 所示。

（8）如图 9-60 所示，在图层面板中新建"图层 2"图层。

图 9-59　图层样式效果

图 9-60　新建"图层 2"图层

（9）激活工具箱中的钢笔工具，绘制一条封闭路径，形状如图 9-61 所示。

（10）如图 9-62 所示，在路径面板中，单击下面的"将路径作为选区载入"按钮，将路径转换为选区。

图 9-61　绘制封闭路径

图 9-62　单击"将路径作为选区载入"按钮

（11）设置前景色为黄绿色。激活工具箱中的渐变工具，在其属性栏中选择"前景色到透明"

渐变模式，从左上到右下填充渐变色，效果如图9-63所示。

（12）如图9-64所示，在图层面板中新建"图层3"图层。

图9-63 填充渐变效果

图9-64 新建"图层3"图层

（13）以"图层3"图层为当前选择层，激活钢笔工具，绘制如图9-65所示的"√"符号。

（14）在路径面板中，单击下方的"将路径作为选区载入"按钮，将路径转换为选区后填充白色，效果如图9-66所示。

图9-65 绘制符号

图9-66 填充色彩

（15）如图9-67所示，在图层面板中，按住Shift键将"图层1"图层、"图层2"图层和"图层3"图层一同选取。

（16）单击鼠标右键，在弹出的快捷菜单中选择"合并图层"选项，将其合并为"图层1"图层，如图9-68所示。使用同样的方法，可以尝试完成如图9-69所示的其他按钮效果。

图9-67 选取图层

图9-68 合并图层

图9-69 其他按钮效果

9.3.2 FacPay 支付网站设计案例

"FacPay 支付"是一个网上支付平台。目前想设计一款使支付更加便捷的 App，要求网页风格简洁大方，重点突出其便捷高效的功能。根据前期了解的相关企业文化信息及目前市场情况，更多地采用扁平化设计，初期草图规划如图 9-70 所示。图 9-71 所示是设计完成后的 FacPay 支付官网主页。

图 9-70 初期草图规划

图 9-71 主页效果

网页的一般布局为：页首放置网站的标志和导航栏或 Banner 广告，页中主要放置网站的主要内容，页尾放置网站的版权信息和联系方式等。经过对"FacPay 支付"资料的分析，首先进行首页的版式设计，版式草图可以通过手绘或软件绘制得到。打开软件，如图 9-72 所示，从标尺上拖曳出辅助线，根据初期的手绘草图进行相对细致的主页电子布局。

依据版式设计草图，设定整个网页尺寸为 1920 像素 ×5238 像素，分辨率为 72 像素 / 英寸。设置背景为透明色，设置前景色为白色并填充页面，效果如图 9-73 所示。

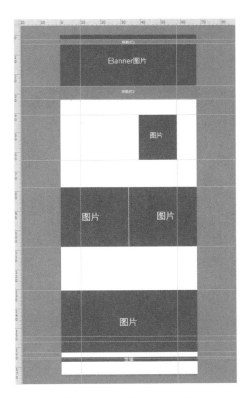

图 9-72 主页电子布局

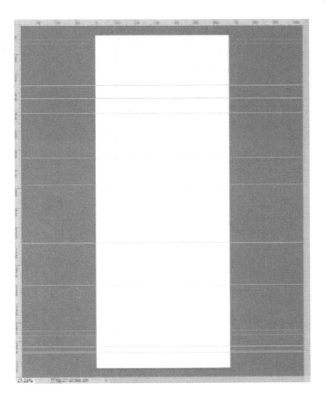

图 9-73 填充页面

1. 页首 Banner 广告 / 导航栏制作

（1）新建图层。在页首位置确定 Banner 广告的位置和大小，便于制作 Flash 广告条或图片广告，通常会在网页发布时插入。本案例通过使用图片衬托导航栏的方式制作"FacPay 支付"的页首 Banner 广告，这是网页设计中经常使用的一种方式，其醒目的功能导航使网页的主题一目了然，传达信息的效果十分成功。

（2）打开素材图片，如图 9-74 所示，将其复制至页首位置，执行"图像"→"调整"→"色相/饱和度"菜单命令，在弹出的对话框中，调整"明度"的数值为"-50"，如图 9-75 所示，单击"确定"按钮，效果如图 9-76 所示。

（3）根据版式规划开始设计 Logo 和 3 个功能按钮。Logo 由"FacPay"的首字母"F"变形而来，如图 9-77 所示。

图 9-74 素材图片

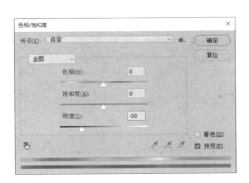

图 9-75 "色相/饱和度"对话框

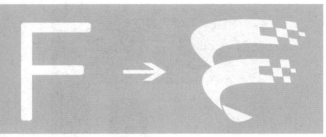

图 9-76　调整明度后的效果　　　　　　　　　图 9-77　Logo 效果

（4）激活工具箱中的钢笔工具，在其属性栏中选择"形状"模式，如图 9-78 所示，依次绘制并复制图形即可完成 Logo 的制作。

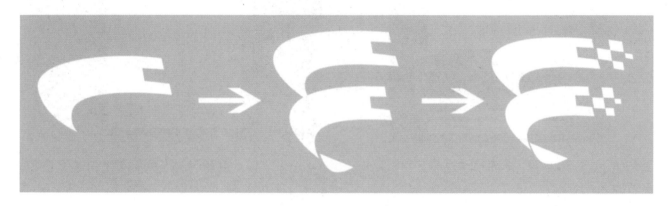

图 9-78　Logo 制作过程

（5）调整 Logo 的位置与大小，将其放置在导航栏左侧蓝色参考线以内。激活工具箱中的横排文字工具，依次输入文本"细节展示"、"业务往来"和"App"，设置字体为思源黑体，字号为 20 点，颜色为白色，效果如图 9-79 所示。

图 9-79　确认 Logo 位置并输入文本

（6）激活工具箱中的钢笔工具，在属性栏中设置相应的参数，绘制菜单下拉箭头，效果如图 9-80 所示。

图 9-80　绘制菜单下拉箭头

（7）下面制作"登录""报名"功能按钮。激活工具箱中的圆角矩形工具，设置如图 9-81 所示的参数，在属性栏中设置填充颜色为"无"，绘制描边宽度为 3 像素的圆角矩形，然后输入文字"登录"，设置字体为思源黑体，字号为 30 点，效果如图 9-82 所示。使用同样的方法，绘制同样大小，填充颜色为蓝色（R：19、G：93、B：198），描边宽度为"无"的圆角矩形，输入文字"报名"，效果如图 9-83 所示。

图 9-81　"创建圆角矩形"对话框　　图 9-82　"登录"功能按钮　　图 9-83　"报名"功能按钮

（8）将制作好的功能按钮放置到相应的位置，网页顶部效果如图 9-84 所示。

图 9-84　网页顶部效果

（9）激活工具箱中的文字工具，设置字体为思源黑体，字号自上而下分别设置为 27 点、56 点、27 点，颜色设置为白色，输入相应的文字，效果如图 9-85 所示。

（10）使用同样的方法制作"立即下载"功能按钮。激活工具箱中的圆角矩形工具，设置如图 9-86 所示的属性参数。设置文字字体为微软雅黑，字号为 62 点，颜色为蓝色（R：19、G：93、B：198）。

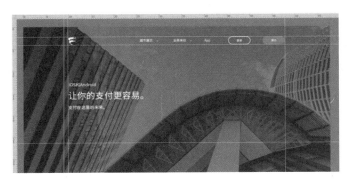 

图 9-85　输入文字　　　　　　　　图 9-86　制作"立即下载"功能按钮

（11）将制作好的功能按钮放置到相应的位置，效果如图 9-87 所示。

图 9-87　确认功能按钮位置

（12）继续绘制导航栏下方的功能性图标。激活工具箱中的圆角矩形工具，在其属性栏中选择"形状"模式，设置前景色为白色，然后用鼠标单击画面空白位置，在弹出的对话框中设置如图 9-88 所示的参数，单击"确定"按钮即可。复制出 3 个相同的圆角矩形，将 4 个圆角矩形按如图 9-89 所示的样式排列。

图 9-88　设置创建圆角矩形的参数 1

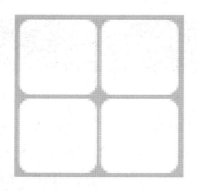

图 9-89　复制圆角矩形并进行排列

（13）按住 Shift 键选择 4 个圆角矩形所在的图层，单击鼠标右键，在弹出的快捷菜单中选择"转换为智能对象"命令。执行"编辑"→"变换"→"透视"菜单命令，将 4 个圆角矩形拖动变形，效果如图 9-90 所示。

（14）激活工具箱中的钢笔工具，在其属性栏中选择"形状"模式，设置前景色为白色，绘制如图 9-91 所示的形状。

图 9-90　变形效果

图 9-91　绘制形状

（15）激活工具箱中的圆角矩形工具，用鼠标单击画面空白位置，在弹出的对话框中设置如图 9-92 所示的参数，单击"确定"按钮。然后在"实时形状属性"浮动面板中调整参数，如图 9-93 所示，效果如图 9-94 所示。

（16）激活工具箱中的矩形工具，在其属性栏中选择"形状"模式，设置前景色为白色，然后用鼠标单击画面空白位置，在弹出的对话框中设置如图 9-95 所示的参数，单击"确定"按钮。执行"编辑"→"变换"→"透视"菜单命令，将图形拖动变形，效果如图 9-96 所示。

（17）将所创建的矩形图形与苹果图形进行组合，形成苹果电脑图标，效果如图 9-97 所示。

图 9-92　设置创建圆角矩形的参数 2

图 9-93　"实时形状属性"浮动面板

图 9-94　圆角矩形效果

图 9-95　"创建矩形"对话框

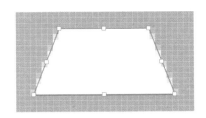

图 9-96　矩形变形效果

图 9-97　组合图形

（18）利用上述方法尝试制作安卓图标，其步骤图如图 9-98 ～图 9-103 所示。

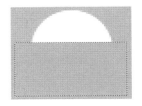
图 9-98　绘制半圆

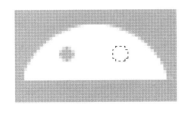
图 9-99　绘制圆形选区

图 9-100　填充选区

图 9-101　绘制圆角矩形 1　　　图 9-102　绘制圆角矩形 2　　　图 9-103　绘制圆角矩形 3

（19）将制作完成的图标调整到页面的相应位置，并输入文字"PC 版""Mac 版""iPhone 版""Android 版"，设置字体为思源黑体，字号为 43 点，效果如图 9-104 所示。

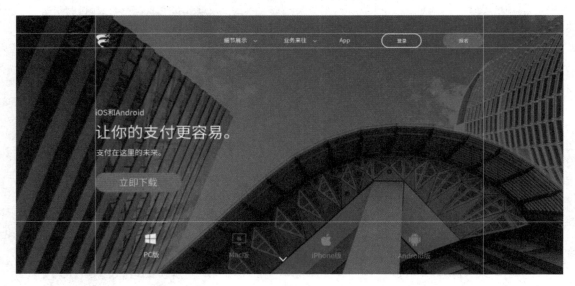

图 9-104　页首效果

2. 页中主要内容的制作

（1）网页的中间部分是"FacPay 支付"文本介绍部分，底色设置为白色。激活工具箱中的文字工具，设置字体为思源黑体，字号自上而下分别为 56 点、27 点，颜色分别为 #000000、#6c6e70，输入相应的文字，效果如图 9-105 所示。

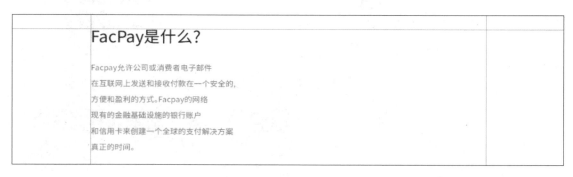

图 9-105　输入"FacPay 支付"文本介绍

（2）激活圆角矩形工具，设置如图 9-106 所示的参数，填充颜色分别设置为 #135dc6、

#ebeff3。激活文字工具，设置字体为思源黑体，字号为 30 点，颜色分别为白色、#135dc6，输入文字"阅读更多""报名"，效果如图 9-107 所示。

图 9-106　设置圆角矩形参数　　　　　图 9-107　输入文字"阅读更多""报名"

（3）打开素材，如图 9-108 所示，将其复制至页面中的相应位置，效果如图 9-109 所示。

图 9-108　素材 1　　　　　　　　　图 9-109　素材复制效果

（4）激活工具箱中的文字工具，设置字体为思源黑体，字号自上而下分别为 56 点、27 点，颜色分别为 #000000、#6c6e70，输入相应的文字，效果如图 9-110 所示。

（5）打开素材，如图 9-111 和图 9-112 所示，按照版式规划草图将其放置到合适的位置。执行"图像"→"调整"→"色相 / 饱和度"菜单命令，在弹出的对话框中调整"明度"的数值均为"-50"，如图 9-113 所示，效果如图 9-114 所示。

图 9-110　输入相应的文字 1　　　　　图 9-111　素材 2

图 9-112　素材 3

图 9-113　调整明度参数

图 9-114　调整明度效果

（6）利用工具箱中的形状工具组中的相应工具分别绘制如图 9-115 和图 9-116 所示的图形。激活工具箱中的文字工具，设置字体为思源黑体，字号自上而下分别为 40 点、27 点，颜色为白色，输入相应的文字，效果如图 9-117 所示。

图 9-115　绘制图形 1

图 9-116　绘制图形 2

图 9-117　输入相应的文字 2

（7）制作"阅读更多"功能按钮。激活工具箱中的圆角矩形工具，如图 9-118 所示，在其属性栏中选择"形状"模式，设置前景色为白色，绘制圆角矩形。然后输入文字"阅读更多"，设置字体为思源黑体，字号为 30 点，颜色为白色；其他文字字号设置为 27 点，颜色设置为 #000000，效果如图 9-119 所示。

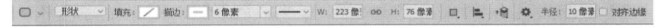

图 9-118　设置参数

图 9-119　页中效果

3．页尾部分的制作

（1）打开素材，如图 9-120 所示，尝试调整其"明度"参数，效果如图 9-121 所示。

图 9-120　打开素材

图 9-121　调整效果

（2）依照上述方法再创建 3 个宽度为 365 像素、高度为 80 像素、半径为 50 像素的功能按钮，并分别输入文字"Google""Microsoft""facebook"，设置字体为 Arial，字号为 52 点，颜色为 #135dc6，将 3 个功能按钮放置到合适的位置，效果如图 9-122 所示。

图 9-122　创建 3 个功能按钮

（3）完善页脚功能导航部分。激活工具箱中的文字工具，设置字体为思源黑体，字号为 14 点，颜色为 #000000，输入导航栏文本。将 Logo 素材放置到网页底部中间合适位置；激活工具箱中的文字工具，设置字体为思源黑体，字号为 13.5 点，颜色为 #c3cbd5，输入版权文本，效果如图 9-123 所示。整体效果如图 9-1 所示。

图 9-123　页尾部分效果

9.4 相关知识链接

网页可以说是构成网站的基本元素。当我们浏览网站时，一个个精彩的网页就会呈现在我们面前。那么，影响网页精彩与否的因素有哪些呢？除了色彩的搭配、文字的变化、图片的处理等不可忽略的因素，还有一个非常重要的因素——网页的布局。下面我们对网页设计常见问题简单讲解一下。

1．网页布局类型

网页设计如果仅从网页版式构成分类而言，主要有骨骼型、满版型、分割型、中轴型、曲线型、倾斜型、对称型、焦点型、三角型、自由型 10 种布局类型。

1）骨骼型

网页中的骨骼型版式是一种规范的、理性的设计形式，类似于报刊的版式。常见的骨骼型版式有竖向的通栏、双栏、三栏、四栏和横向的通栏、双栏、三栏、四栏等，如图 9-124、图 9-125 所示，一般以竖向分栏为多。这种版式给人以和谐、理性的美。几种分栏方式要结合使用，从而使网页显得既理性、有条理，又活泼而富有弹性。

图 9-124 竖栏

图 9-125 横栏

2）满版型

页面以图像充满整版，如图 9-126、图 9-127 所示。页面主要以图像为诉求点，将少量文字放置于图像之上，视觉传达效果直观而强烈。满版型布局给人以舒展、大方的感觉。美中不足的是，限于当前网络宽带对大幅图像的传输速度较慢，这种版式多见于强调艺术性或个性的网页设计中。

图 9-126　满版型页面 1

图 9-127　满版型页面 2

3）分割型

分割型版式设计是把整个页面分成上下或左右两部分，分别安排图片和文案。这两部分形成明显对比：有图片的部分感性而具有活力，文案部分则理性而平静，如图 9-128 所示。在设计实践中，可以通过调整图片和文案所占用的面积来调节对比的强弱。如果图片所占比例过大，文案使用的字体过于纤细，字距、行距、段落的安排又很疏落，则易造成视觉的不平衡，显得生硬、强烈。倘若通过文字或图片将分割线进行虚化处理，就会产生自然和谐的效果。

4）中轴型

中轴型版式是沿着页面的视觉中轴将图片或文字进行水平或垂直方向的排列，如图 9-129 所示。水平排列的页面给人以稳定、平静、含蓄的感觉；垂直排列的页面给人以舒畅的感觉。

图 9-128　分割型页面

图 9-129　中轴型页面

5）曲线型

曲线型版式是将图片或文字在页面上进行曲线编排，如图 9-130 所示，这种编排方式能产生韵律感与节奏感。

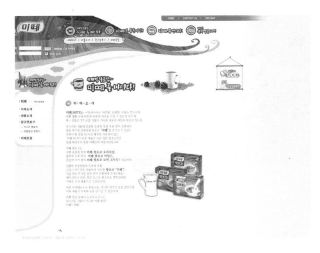

图 9-130　曲线型页面

6）倾斜型

倾斜型版式是对页面主题形象或多幅图片、文字进行倾斜编排。如图 9-131 所示，利用倾斜型版式突出产品特点。

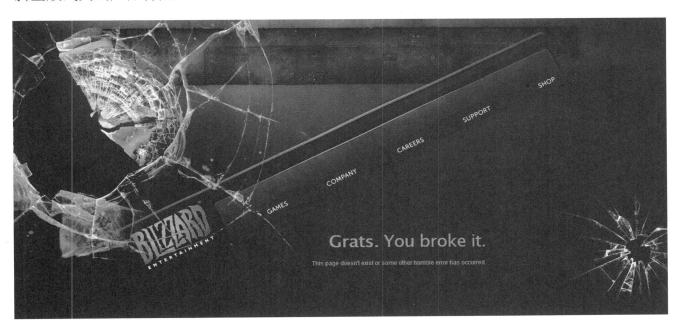

图 9-131　倾斜型页面

7）对称型

对称型版式给人以稳定、严谨、庄重、理性的感觉，如图 9-132 所示。

对称又分为绝对对称和相对对称两种类型，一般采用相对对称手法，以避免版式呆板。

四角型也是对称型版式的一种，即在页面的四个角安排相应的视觉元素。四个角是页面的边界点，重要性不可低估。在四个角安排的任何内容都能产生安定感。控制好页面的四个角，也就控制了页面的空间。越是凌乱的页面，越要注意对四个角的控制。

图 9-132　对称型页面

8）焦点型

焦点型版式通过对视线的诱导，使页面产生强烈的视觉效果，如图 9-133 所示。焦点型分3 种情况，具体如下。

① 中心：将对比强烈的图片或文字置于页面的视觉中心。

② 向心：视觉元素引导浏览者视线向页面中心聚拢，就形成了向心版式。向心版式是集中的、稳定的，是一种传统手法。

③ 离心：视觉元素引导浏览者视线向外辐射，则形成离心版式。离心版式是外向的、活泼的，更具现代感，运用时应注意避免凌乱。

图 9-133　焦点型页面

9）三角型

三角型版式是让网页视觉元素呈三角形排列。正三角形（金字塔形）最具稳定性；倒三角形则产生动感；侧三角形构成一种均衡版式，既稳定又有动感，如图 9-134 所示。

图 9-134　三角型页面

10）自由型

自由型版式具有活泼、轻快的风格，如图 9-135 所示。

2. 设计者应该注意的几个问题

（1）页面尺寸设置。

（2）导航栏的变化与统一。

导航栏是指位于页眉区域的、在页眉横幅图片上方或下方的一排水平导航按钮，它起着链接网站的各个页面的作用。

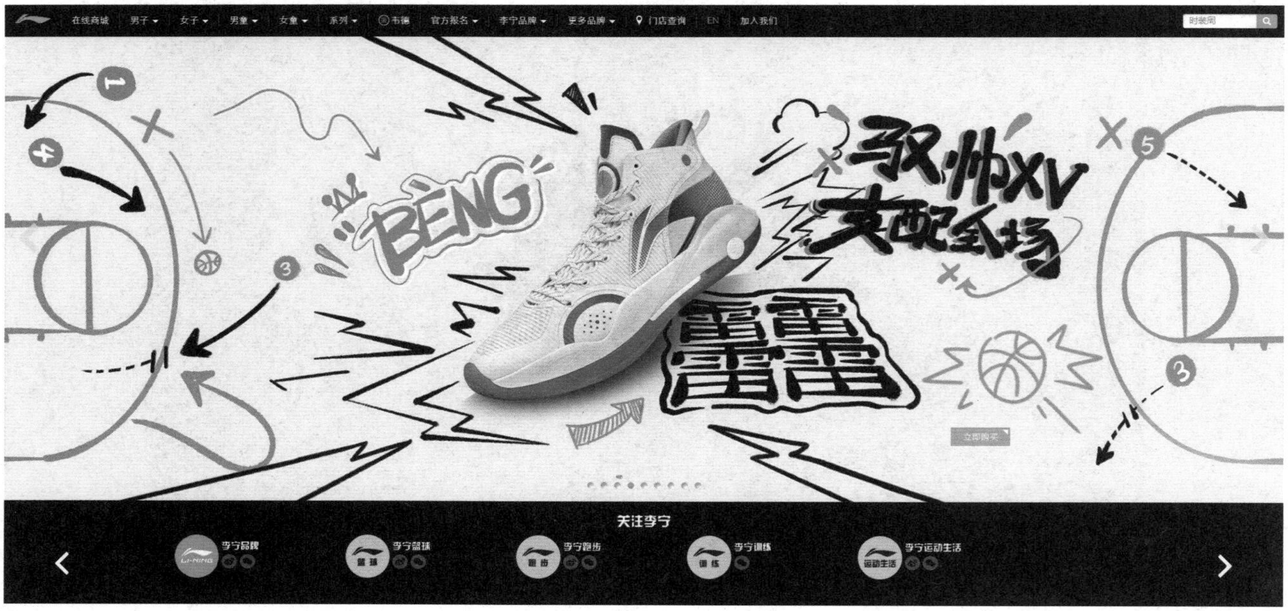

图 9-135　自由型页面

几乎每个网页都有导航栏，对同一个网站内的所有网页来说，导航栏必须在设计风格上力求统一。

"在统一的基础上寻求变化"——这是设计师应该时刻注意的问题。

（3）网页布局。

网页设计师应该尽量熟悉典型网页的基本布局方式，根据客户的需要选择使用。

（4）网页空间中的视觉导向。

每个网页都有一个视觉空间，当打开一个新的网页后，人们的视线首先会聚焦在网页中最引人注目的那一点上——通常称其为"视觉焦点"。

（5）文字信息的设计和编排。

在编排网页上的文字信息时，需要考虑字体、字号、字符间距和行距、段落版式、段间距等因素。从美学观点看，既保证网页整体视觉效果的和谐、统一，又保证所有文字信息的醒目和易于识别，这是评价该工作的最高标准。

（6）色彩的使用技巧。

在网页设计中，色彩是艺术表现的要素之一。根据和谐、均衡和重点突出的原则，将不同的色彩进行组合、搭配来构成优美的页面。

（7）技术与艺术紧密结合。

网络技术主要表现为客观因素，艺术创意主要表现为主观因素。网页设计者应该积极、主动地掌握现有的各种网络技术，注重技术与艺术紧密结合，这样才能穷尽技术之长，实现艺术想象，满足浏览者对网页信息的高质量需求。

第10章　包装设计——综合命令的运用

包装作为人类智慧的结晶，广泛用于生活、生产中。在人类历史发展的长河中，包装设计推动人类文明不断向前发展。时至今日，包装不仅仅停留在保护商品的层面上，它已给人类带来了艺术与科技完美结合的视觉愉悦及超值的心理享受。因此说包装设计是一门综合性很强的创造性活动，设计师要运用各种方法、手段，将商品的信息传达给消费者。它涉及自然、社会、科技、人文、生理和心理等诸多因素，想要快速、准确的达到设计目标，降低成本，增加产品的附加值，就必须要有严格、周密的设计程序和方法。

在当前商品竞争日益激烈、消费需求不断增长的市场中，当企业与企业之间的品牌、产品质量和服务质量相差不大时，如何才能占有更多的市场份额？无可非议，包装起到了相当大的作用。

10.1　产品包装设计案例分析

1. 创意定位

包装装潢也属于平面设计的范畴，它是依附于包装立体之上的平面设计。包装不仅是为了促销商品，更重要的是体现出一个企业的经营文化，这其中不乏美的存在。

图10-1和图10-2所示为茶叶包装与食品包装设计，它们都是"方寸之间见乾坤"的设计，在小小的空间内图形、色彩和文字运用得当，可以发挥出平面设计的无穷魅力。

图 10-1　茶叶包装设计

图 10-2　Goodies 有机芝士脆饼干平面包装设计

通过包装外形的设计和色彩的选择来表现产品的亲和力、潮流性、科技性及神秘性；通过产品的图案设计直接与客户近距离接触，以达到短时间内让客户认识该产品的真正用途——提供高品质的食材的目的。

2．所用知识点

在上面的包装设计中，主要用到了 Photoshop 2020 软件中的以下命令及工具。

- 多种滤镜命令。
- 图层蒙版工具。
- 图层样式命令。
- 图像调整命令等。

3．制作分析

该包装的制作分为以下几个环节。

- 茶叶盒平面展开图设计制作。
- 茶叶盒立体图设计制作。
- 茶叶内包装设计制作。
- 品牌 Logo 设计制作。
- 卡通形象设计制作。
- 平面展开图设计制作。

10.2 实例解析

10.2.1 茶叶包装设计案例

（1）新建文件，其参数设置如图 10-3 所示。打开图层面板，新建"图层 1"图层，如图 10-4 所示。

图 10-3 新建文件 1

图 10-4 新建"图层 1"图层

（2）激活工具箱中的矩形选框工具，绘制如图 10-5 所示的选区，设置前景色为 C：0、M：40、Y：60、K：0 并填充选区。

（3）执行"滤镜"→"杂色"→"添加杂色"菜单命令，在弹出的对话框中设置如图 10-6 所示的参数，单击"确定"按钮。

图 10-5 绘制选区并填充

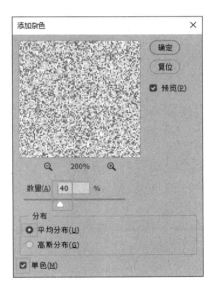

图 10-6 "添加杂色"对话框

（4）执行"滤镜"→"杂色"→"中间值"菜单命令，在弹出的对话框中设置如图 10-7 所示的参数，单击"确定"按钮，两次运用滤镜后，效果如图 10-8 所示。

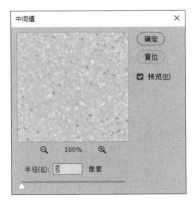

图 10-7 "中间值"对话框

图 10-8 滤镜效果

（5）设置前景色为 C：0、M：40、Y：60、K：0，设置背景色为白色。执行"滤镜"→"滤镜库"→"素描"→"半调图案"菜单命令，在弹出的对话框中设置如图 10-9 所示的参数，单击"确定"按钮，效果如图 10-10 所示。

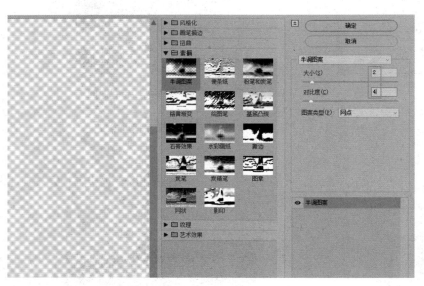

图 10-9　"半调图案"对话框　　　　　　　　图 10-10　半调图案效果

（6）按住鼠标左键从上边及左边标尺上各拖曳出一条辅助线，放置在如图 10-11 所示的位置。

（7）在图层面板中，新建"图层 2"图层。激活工具箱中的矩形选框工具，在如图 10-12 所示的位置绘制选区并填充白色。

图 10-11　添加辅助线　　　　　　　　　图 10-12　绘制选区并填充白色

（8）打开素材文件"花边"，如图 10-13 所示。

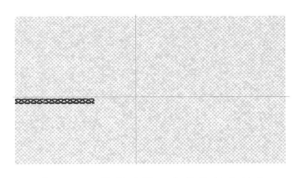

图 10-13 "花边"素材

（9）激活工具箱中的魔棒工具，选取黑色部分，然后执行"选择"→"选取相似"菜单命令，将花边部分全部选取。

（10）激活工具箱中的移动工具，将花边拖入包装设计文件中，调整其大小与位置，效果如图 10-14 所示。

（11）激活工具箱中的矩形选框工具，如图 10-15 所示，选取花边。

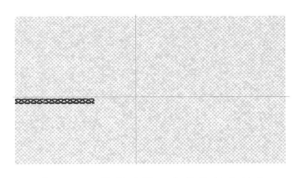

图 10-14 将花边拖入包装设计文件中

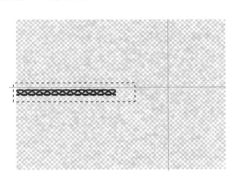

图 10-15 选取花边

（12）同时按下 Ctrl+Shift+Alt 组合键，激活移动工具，边移动边复制，使花边贯通整个画面，并将复制出来的多余部分删除，效果如图 10-16 所示。

（13）如图 10-17 所示，在图层面板中，单击"锁定"按钮，将透明部分保护起来。

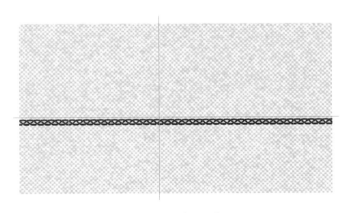

图 10-16 复制花边

图 10-17 锁定图层

（14）设置前景色为 C：0、M：40、Y：60、K：0，执行"编辑"→"填充"菜单命令，在弹出的对话框中设置如图 10-18 所示的参数，单击"确定"按钮，效果如图 10-19 所示。

（15）激活工具箱中的矩形选框工具，选取花边，同时按下 Ctrl+Shift+Alt 组合键，复制两条花边，放置在如图 10-20 所示的位置。

（16）打开素材文件"玫瑰花束"，如图 10-21 所示。

图 10-18　"填充"对话框

图 10-19　填充效果

图 10-20　复制两条花边

图 10-21　"玫瑰花束"素材

（17）激活移动工具，将玫瑰花束拖入包装设计文件中，并调整其大小与位置，效果如图 10-22 所示。

（18）打开素材文件"玫瑰花"，如图 10-23 所示。使用同样的方法将其复制至包装设计文件中，并调整其大小与位置，效果如图 10-24 所示。

（19）在图层面板中，复制"图层 4"图层为"图层 4 拷贝"图层，如图 10-25 所示。

图 10-22　将玫瑰花束拖入包装设计文件中

图 10-23　"玫瑰花"素材

图 10-24　复制玫瑰花

图 10-25　复制得到"图层 4 拷贝"图层

（20）执行"编辑"→"变换"→"水平翻转"菜单命令，然后激活移动工具，按住 Shift 键将玫瑰花水平移动到画面右侧，效果如图 10-26 所示。

（21）激活矩形选框工具，选取右侧多余的部分，按 Delete 键删除，效果如图 10-27 所示。

图 10-26　复制并移动对象

图 10-27　删除多余的部分

（22）在图层面板中，将"图层 4 拷贝"图层与"图层 4"图层合并。执行"编辑"→"描边"菜单命令，在弹出的对话框中设置如图 10-28 所示的参数，单击"确定"按钮，效果如图 10-29 所示。

图 10-28　"描边"对话框

图 10-29　描边效果

（23）此时图层面板如图 10-30 所示，双击每个图层，根据图层内容进行名称修改，便于以后编辑和选择。

（24）激活工具箱中的横排文字工具，在属性栏中设置字体、大小和颜色，在如图 10-31 所示的位置输入英文"TOTALLY ORGANIG"。

图 10-30　修改图层名称

图 10-31　输入英文

（25）在如图 10-32 所示的图层面板中，单击下方的"添加图层样式"按钮，在弹出的对话框中设置如图 10-33 所示的参数，单击"确定"按钮，效果如图 10-34 所示。

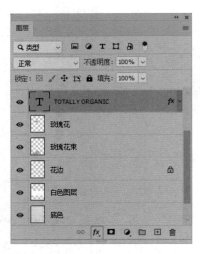

图 10-32 单击"添加图层样式"按钮

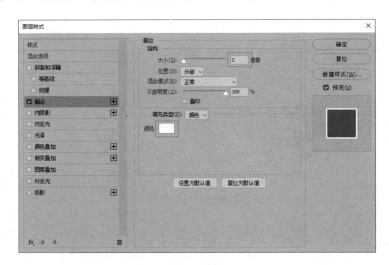

图 10-33 "图层样式"对话框 1

图 10-34 图层样式效果 1

（26）使用同样的方法，在如图 10-35 所示的位置输入英文"PEAR APPLE"，设置相应的字体、大小和颜色。

图 10-35 再次输入英文

（27）单击图层面板下方的"添加图层样式"按钮，在弹出的对话框中设置如图 10-36 和图 10-37 所示的参数，单击"确定"按钮，效果如图 10-38 所示。

（28）如图 10-39 所示，在图层面板中，复制"PEAR APPLE"图层为"PEAR APPLE 副本"图层。

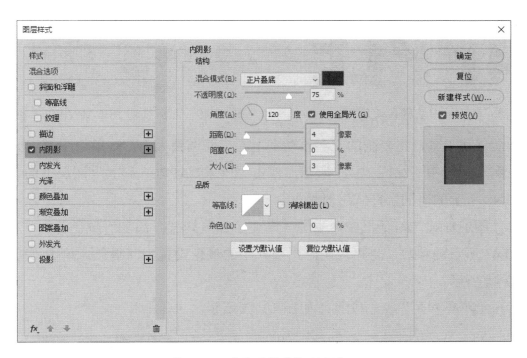

图 10-36　"图层样式"对话框 2

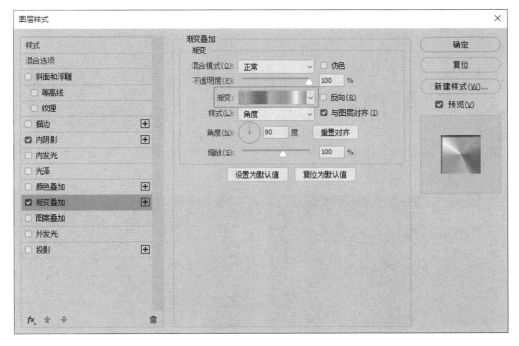

图 10-37　"图层样式"对话框 3

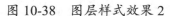

图 10-38　图层样式效果 2　　　　　　　　图 10-39　复制得到"PEAR APPLE 副本"图层

（29）激活移动工具，将复制的文字移动到上面，并调整大小，效果如图 10-40 所示。

（30）在图层面板中，如图 10-41 所示，双击"PEAR APPLE 副本"图层上的"*fx*"符号，调出如图 10-42 所示的"图层样式"对话框。

（31）在"图层样式"对话框中，去掉"渐变叠加"样式，添加"颜色叠加"样式，重新设置如图 10-43 所示的参数，将"内阴影"样式中的颜色设置为深褐色，单击"确定"按钮，效果如图 10-44 所示。

（32）打开"苹果和梨"素材文件，如图 10-45 所示。

图 10-40　调整文字位置　　　　　　　　　图 10-41　双击"*fx*"符号

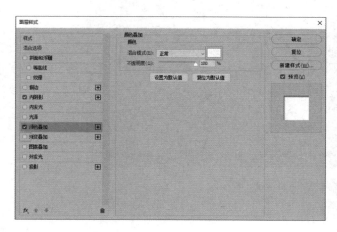

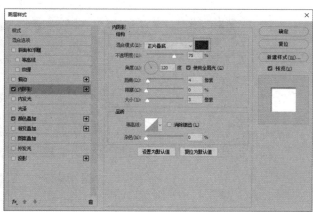

图 10-42　"图层样式"对话框 4　　　　　　图 10-43　"图层样式"对话框 5

图 10-44　图层样式效果 3

图 10-45　"苹果和梨"素材文件

（33）激活移动工具，将该素材图片拖入包装设计文件中，并调整其大小与位置，效果如图 10-46 所示。

（34）执行"编辑"→"描边"菜单命令，在弹出的对话框中设置如图 10-47 所示的参数，单击"确定"按钮，效果如图 10-48 所示。

（35）如图 10-49 所示，在图层面板中，复制"苹果和梨"图层为"苹果和梨 副本"图层，并将复制的苹果和梨图形调整到上面文字的位置，调整大小，效果如图 10-50 所示。

（36）激活工具箱中的横排文字工具，按住鼠标左键，在左侧白色区域绘制一个文本框，如图 10-51 所示。

图 10-46　复制苹果和梨

图 10-47　设置描边参数

图 10-48　描边后的效果

图 10-49　复制得到"苹果和梨 副本"图层

图 10-50　调整苹果和梨的位置

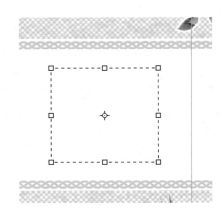

图 10-51　绘制文本框

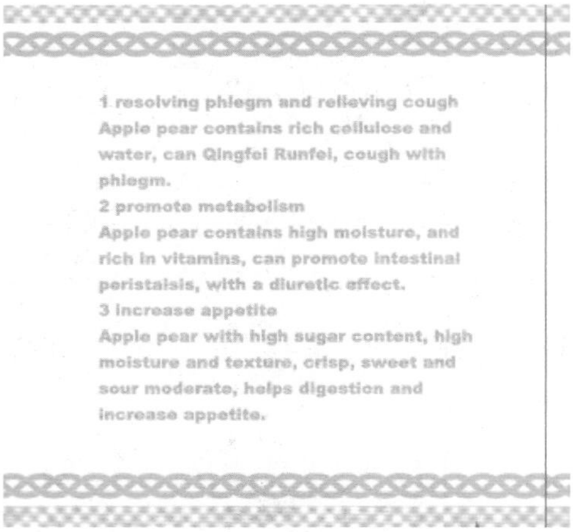

图 10-52　输入说明性文字

（37）如图 10-52 所示，输入说明性文字，并调整字体和大小。包装设计平面图制作完成，效果如图 10-53 所示。此时图层面板如图 10-54 所示。

（38）下面制作包装立体效果。如图 10-55 所示，在图层面板中，关闭背景层的"眼睛"。执行"图层"→"合并可见图层"菜单命令，效果如图 10-56 所示。合并图层后，打开背景层的"眼睛"。

（39）新建文件，命名为"立体图"，设置如图 10-57 所示的参数，单击"确定"按钮即可。设置前景色为 C：20、M：20、Y：25、K：0 并填充，效果如图 10-58 所示。

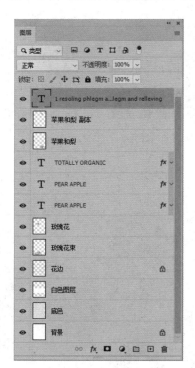

图 10-53　包装设计平面效果

图 10-54　图层面板

图 10-55 关闭背景层

图 10-56 合并可见图层

图 10-57 新建文件 2

图 10-58 填充颜色

（40）切换到包装设计文件，激活工具箱中的矩形选框工具，在如图 10-59 所示的红色部分绘制矩形选区，然后将其复制至"立体图"文件中。

（41）执行"编辑"→"变换"→"扭曲"菜单命令，调整其透视关系，效果如图 10-60 所示。

图 10-59 绘制选区并复制 1

图 10-60 扭曲效果

（42）使用同样的方法绘制如图 10-61 所示的选区，然后复制至"立体图"文件中，调整透视关系，效果如图 10-62 所示。

图 10-61　绘制选区并复制 2

图 10-62　调整透视关系 1

（43）执行"图像"→"调整"→"色阶"菜单命令，在弹出的对话框中设置如图 10-63 所示的参数，目的是去掉一部分亮色阶，单击"确定"按钮，效果如图 10-64 所示。

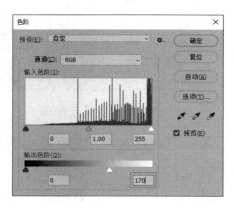

图 10-63　"色阶"对话框

图 10-64　调整色阶后的效果

（44）使用同样的方法绘制如图 10-65 所示的选区，然后复制至"立体图"文件中，调整透视关系，效果如图 10-66 所示。

图 10-65　绘制选区并复制 3

图 10-66　调整透视关系 2

（45）执行"图像"→"调整"→"色阶"菜单命令，在弹出的对话框中设置如图 10-67 所示的参数，目的是去掉一部分暗色阶，单击"确定"按钮，效果如图 10-68 所示，纸盒包装立体效果制作完成。

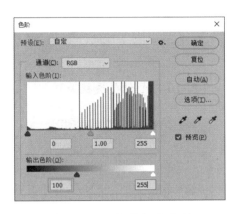

图 10-67 设置色阶参数

图 10-68 纸盒包装立体效果

（46）下面制作内包装。打开"罐头"素材文件，如图 10-69 所示，将该文件选择后复制至"立体图"文件中。

（47）按 Ctrl+T 组合键，将其旋转一定角度并放置在如图 10-70 所示的位置。

图 10-69 "罐头"素材文件

图 10-70 复制罐头并调整角度

（48）切换到包装设计文件，使用同样的方法绘制如图 10-71 所示的选区，然后复制至"立体图"文件中，调整透视关系，效果如图 10-72 所示。

（49）执行"编辑"→"变换"→"旋转 90 度'顺时针'"菜单命令。然后执行"编辑"→"变换"→"变形"菜单命令，调整角度，如图 10-73 所示。

（50）如图 10-74 所示，在图层面板中，复制"图层 6"图层为"图层 6 副本"图层，将"图层 6 副本"图层拖至"图层 6"图层的下方，关闭"图层 6"图层的"眼睛"。

图 10-71　绘制选区并复制 4

图 10-72　调整透视关系 3

图 10-73　变形效果

图 10-74　复制图层并调整上下位置

（51）以"图层 6 副本"图层为当前选择层，执行"图像"→"调整"→"色阶"菜单命令，在弹出的对话框中设置相应的参数，如图 10-75 所示，单击"确定"按钮，效果如图 10-76 所示。

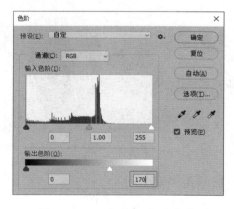

图 10-75　设置相应的参数

图 10-76　调整效果

（52）如图 10-77 所示，在图层面板中，打开"图层 6"图层的"眼睛"，并以"图层 6"图层为当前选择层，单击面板下方的"添加图层蒙版"按钮。

（53）激活工具箱中的渐变工具，如图 10-78 所示，在其属性栏中选择"前景色到透明"渐变模式，渐变形态选择"对称渐变"。

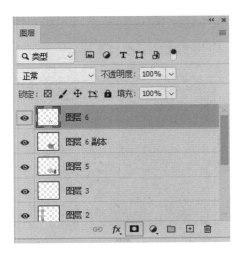

图 10-77 单击"添加图层蒙版"按钮

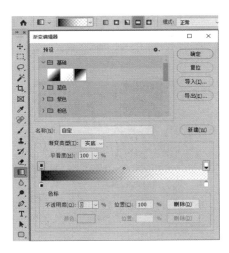

图 10-78 设置渐变色

（54）如图 10-79 所示，从起点到终点填充渐变效果；此时在图层面板中，如图 10-80 所示，在视窗中显示渐变效果，添加图层蒙版后的效果如图 10-81 所示。

（55）在图层面板中，在背景层的上方新建"图层 7"图层，并以"图层 7"图层为当前选择层，如图 10-82 所示。

图 10-79 渐变起始位置

图 10-80 在视窗中显示渐变效果

图 10-81 添加图层蒙版后的效果

图 10-82 新建"图层 7"图层

（56）激活工具箱中的多边形套索工具，在如图 10-83 所示的位置绘制一个选区。

（57）激活工具箱中的画笔工具，在相应的属性栏中选择合适的笔头大小，设置"不透明度"为30%左右，设置前景色为黑褐色，如图10-84所示，慢慢绘制出阴影效果。

图10-83　绘制一个选区

图10-84　绘制阴影效果1

（58）在图层面板中，在"图层3"图层的上方新建"图层8"图层，并以"图层8"图层为当前选择层，如图10-85所示。

（59）激活工具箱中的多边形套索工具，在如图10-86所示的位置绘制一个选区；激活工具箱中的画笔工具，使用同样的方法绘制阴影，效果如图10-87所示。此时图层面板如图10-88所示。至此，整体效果制作完成，如图10-1所示。

图10-85　新建"图层8"图层

图10-86　再次绘制一个选区

图10-87　绘制阴影效果2

图10-88　最终图层面板

10.2.2　Goodies 有机芝士脆饼干平面包装设计案例

1．绘制品牌 Logo

（1）根据设计需要，新建文件。激活文字工具，如图 10-89 所示，在其字符面板中，选择字体为 Cooper Std，字号为 72 点，然后输入英文"Goodies"，效果如图 10-90 所示。

图 10-89　字符面板　　　　　　　　　　　　　图 10-90　输入英文"Goodies"

（2）以文字层为当前选择层，单击鼠标右键，在弹出的快捷菜单中选择"栅格化"命令，此时图层面板如图 10-91 所示。

（3）激活魔棒工具，选择字母 G，执行"编辑"→"变换"→"变形"菜单命令，拖动节点将字母 G 进行变形，效果如图 10-92 所示。依次将其余字母进行变形，效果如图 10-93 所示。

（4）新建"图层 2"图层，然后将其拖动到文字层的下方，此时图层面板如图 10-94 所示。

图 10-91　栅格化图层

图 10-92　对字母 G 进行变形

图 10-93　字母变形效果

图 10-94　新建图层并变换图层位置

（5）激活钢笔工具，选择工具模式为"形状"，设置填充色为黄色（#ECC14C），描边色为黑色（#000000），如图 10-95 所示，沿着字母外围绘制一条曲线，效果如图 10-96 所示。

图 10-95　沿着字母外围绘制一条曲线　　　　　图 10-96　绘制效果

（6）激活魔棒工具，如图 10-97 所示，在属性栏中关闭"只对连续像素取样"选项，即可选取全部字母。设置前景色为白色，执行"编辑"→"填充"→"颜色"菜单命令，设置如图 10-98 所示的参数，单击"确定"按钮。

图 10-97　关闭"只对连续像素取样"选项　　　　图 10-98　设置填充色

（7）保持选区的存在。执行"编辑"→"描边"菜单命令，在如图 10-99 所示的对话框中，设置宽度为 1 像素，颜色为黑色，单击"确定"按钮，效果如图 10-100 所示。

图 10-99　设置描边参数　　　　　　　　图 10-100　描边效果

（8）继续输入英文"Organix"，重复上述步骤，调整位置与大小，效果如图 10-101 所示，完成品牌 Logo 的制作。

图 10-101　输入英文"Organix"

2．绘制卡通形象

（1）根据设计需要，新建文件。新建图层并命名为"侧脸"。激活钢笔工具，选择工具模式为"路径"，绘制儿童的侧脸，效果如图 10-102 所示。在绘制过程中可先绘制基本形状，然后使用直接选择工具调整节点和线条，直至线条自然流畅。

（2）激活画笔工具，如图 10-103 所示，设置画笔模式为"硬边圆"，大小为 15 像素。

图 10-102　绘制儿童的侧脸

图 10-103　设置画笔

（3）用鼠标右键单击路径面板，在弹出的快捷菜单中选择"描边路径"选项，弹出如图 10-104 所示的对话框，在该对话框中选择"画笔"工具，单击"确定"按钮，效果如图 10-105 所示。

图 10-104　选择"画笔"工具

图 10-105　描边路径

（4）新建图层并命名为"头发"。激活钢笔工具，选择工具模式为"路径"，绘制儿童的头发。再激活画笔工具，保持参数不变，描边头发路径，效果如图 10-106 所示。

（5）新建图层并命名为"帽子"。使用同样的方法绘制帽子路径并描边路径（在绘制过程中可以分段绘制），效果如图 10-107 所示。

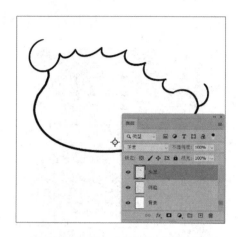

图 10-106　描边头发路径

图 10-107　绘制帽子路径并描边路径

（6）新建图层并命名为"帽耳"。使用同样的方法绘制帽耳路径，然后调整画笔大小为 10 像素，描边帽耳轮廓，效果如图 10-108 所示。此时图层面板如图 10-109 所示。

图 10-108　绘制帽耳路径并描边帽耳轮廓

图 10-109　图层面板 1

（7）依次新建图层并分别命名，使用同样的方法绘制其他路径并描边路径，过程如图 10-110 所示。

图 10-110　绘制过程

（8）此时图层面板如图 10-111 所示，选择除背景层外的所有图层，单击鼠标右键，在弹出的快捷菜单中选择"从图层新建组"选项，并命名为"草图"。复制"草图"图层组为"草图拷贝"图层组，将此组中的图层合并后命名为"合并图层"图层，如图 10-112 所示。

图 10-111　图层面板 2

图 10-112　合并图层

（9）新建图层并命名为"眼睛"。激活椭圆选框工具，在画面中绘制椭圆选区。执行"编辑"→"描边"菜单命令，在弹出的对话框中设置如图 10-113 所示的参数，单击"确定"按钮。

（10）激活椭圆选框工具，绘制如图 10-114 所示的椭圆选区，填充黑色作为黑眼珠，效果如图 10-115 所示。

（11）激活橡皮擦工具，擦除黑眼珠的一部分作为高光，效果如图 10-116 所示。

图 10-113　绘制眼睛

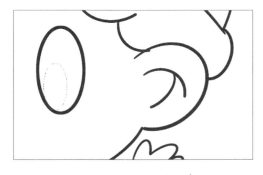

图 10-114　绘制眼珠

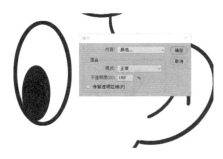

图 10-115　眼睛效果

图 10-116　高光效果

（12）继续绘制嘴巴装饰线条，并调整眼睛的角度，最终效果如图 10-117 所示。

图 10-117　黑白整体效果

（13）激活魔棒工具，选择帽子并填充 RGB（R：254、G：144、B：83）颜色，效果如图 10-118 所示。使用同样的方法依次填充头发 RGB（R：255、G：177、B：92）颜色，脖子 RGB（R：255、G：201、B：100）颜色，衣服 RGB（R：118、G：171、B：230）颜色，口袋 RGB（R：48、G：118、B：209）颜色，鼻子 RGB（R：244、G：185、B：191）颜色，效果如图 10-119 所示。

图 10-118　填充帽子颜色

图 10-119　填充其他部位颜色

（14）激活画笔工具，如图 10-120 所示，根据需要调整画笔角度等参数。设置前景色为粉色（#f4b9bf），绘制腮红，效果如图 10-121 所示。

图 10-120　调整画笔角度等参数

图 10-121　绘制腮红

（15）使用同样的方法绘制局部细节的高光和阴影部分，其颜色可根据需要选择不同颜色，效果如图10-122所示。卡通形象的最终效果如图10-123所示。

图 10-122　绘制局部细节的高光和阴影部分

图 10-123　卡通形象的最终效果

3. 绘制包装平面展开图

（1）激活钢笔工具，在画面中绘制包装平面展开图的轮廓（可先绘制基本形状，然后使用直接选择工具调整节点和线条，最后使用"描边路径"命令描边路径），效果如图10-124所示。

（2）选用虚线绘制包装平面展开图的折痕处。激活工具箱中的直线工具，如图10-125所示，更改属性栏设置，绘制形状后，用鼠标右键单击形状图层，在弹出的快捷菜单中选择"栅格化图层"选项，即可显示虚线效果，如图10-126所示。同时将虚线与轮廓所在图层创建为"平面展开图"图层组，如图10-127所示。

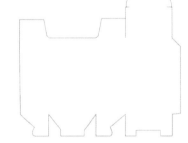

图 10-124　绘制包装平面展开图
的轮廓

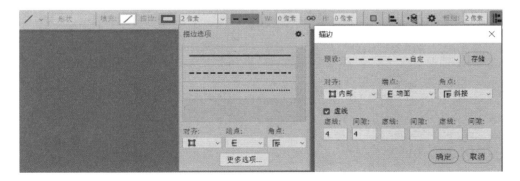

图 10-125　更改属性栏设置

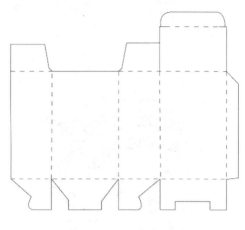

图 10-126　虚线效果

图 10-127　创建图层组

（3）在背景层上方新建图层并命名为"底色"。激活矩形选框工具，在其属性栏中选择"添加到选区"选项，绘制选区并填充底色（#FFE562），效果如图 10-128 所示。

（4）在"平面展开图"图层组上方新建图层并命名为"正底"。激活钢笔工具，如图 10-129 所示，绘制一条闭合路径，然后将路径转换为选区并填充颜色（#F6C84A），效果如图 10-130 所示。

（5）新建图层并命名为"正底 2"。重复以上步骤，填充颜色（#F6B246），效果如图 10-131 所示。此时图层面板如图 10-132 所示。

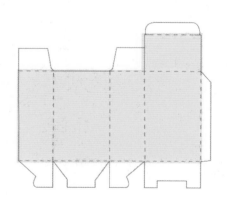

图 10-128　绘制选区并填充底色

图 10-129　绘制闭合路径

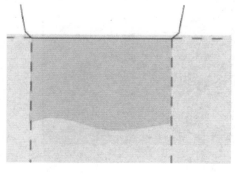

图 10-130　填充颜色 1

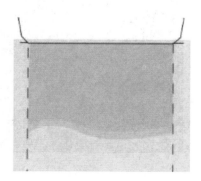

图 10-131　填充颜色 2

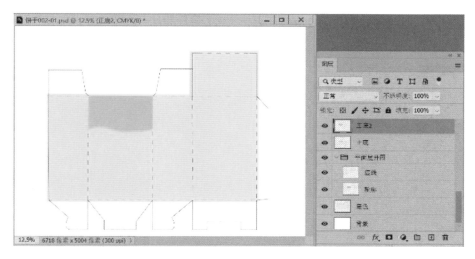

图 10-132　图层面板 3

（6）将制作完成的品牌 Logo 复制至文件中，调整大小、位置与方向。激活横排文字工具，输入文字"有机芝士脆饼干"并调整文字颜色为白色，设置字符大小为 60pt 和 36pt，效果如图 10-133 所示。

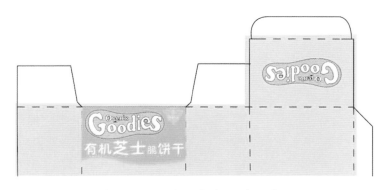

图 10-133　输入文字后的效果

（7）打开素材图像"饼干"s-1，如图 10-134 所示，将其复制至文件中，仔细调整大小、位置与方向，特别注意图层上下顺序，效果如图 10-135 所示。

图 10-134　饼干素材

图 10-135　复制素材

（8）将制作完成的卡通形象复制至文件中，调整大小、位置与方向。将卡通形象图层放到所有图层的最上方，效果如图 10-136 所示。此时图层面板如图 10-137 所示。

图 10-136　复制卡通形象

图 10-137　图层面板 4

（9）打开素材图像 s-2、s-3、s-4，如图 10-138 ～图 10-140 所示，将其复制至文件中，调整大小与位置，同时输入文字"有机小麦""有机葵花籽油""有机芝士（含牛奶）"，效果如图 10-141 所示。

图 10-138　打开素材 1

图 10-139　打开素材 2

图 10-140　打开素材 3

图 10-141　局部效果

（10）新建图层并命名为"背面"。激活圆角矩形工具，设置半径为 50 像素，如

图 10-142 所示，绘制白色的圆角矩形。调整图层不透明度为 30%。复制 3 个圆角矩形并等距离排列，效果如图 10-143 所示。

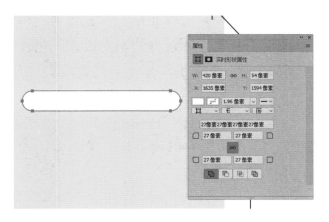

图 10-142 绘制圆角矩形

图 10-143 复制效果

（11）激活文字工具，选择恰当的字体（细等线），设置字号大小为 18pt，颜色为黑色，输入文字信息，如图 10-144 所示。打开素材"条形码" s-5，如图 10-145 所示，将其复制至文件中，调整大小与位置，效果如图 10-146 所示。

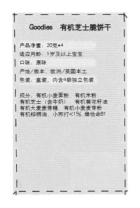

图 10-144 输入文字信息

图 10-145 "条形码"素材

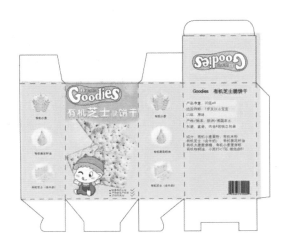

图 10-146 包装平面展开图效果

10.3 相关知识链接

在当前商品竞争日益激烈，消费需求不断增长的市场中，当企业与企业之间的品牌、产品质量和服务质量相差不远时，如何才能占有更多的市场份额？无可非议，包装起到了相当大的作用。包装装潢也属于平面设计的范畴，它是依附于包装立体之上的平面设计。包装不仅仅是为了促销商品，更重要的是体现出一个企业的经营文化，这其中不乏美的存在。

1. 包装设计的主要要素

包装设计即选用合适的包装材料，运用巧妙的工艺手段，为包装商品进行的容器结构造型和包装的美化装饰设计。从中可以看出包装设计的三大要素。

1）外形要素

外形要素就是商品包装展示面的外形，包括展示面的大小、尺寸和形状。在日常生活中我们所见到的形态有 3 种，即自然形态、人造形态和偶发形态。但我们在研究产品的形态构成时，必须找到一种适用于任何性质的形态，即把共同的规律性的东西抽出来，称之为抽象形态。

我们知道，形态构成就是外形要素，或称为形态要素，就是以一定的法则构成的各种千变万化的形态。形态是由点、线、面、体这几种要素构成的。包装的形态主要有圆柱体类（见图 10-147）、长方体类（见图 10-148）、圆锥体类和各种形体，以及有关形体的组合及因不同切割构成的各种形态。包装形态构成的新颖性对消费者的视觉引导起着十分重要的作用，奇特的视觉形态能给消费者留下深刻的印象。包装设计者必须熟悉形态要素本身的特性及其表情，并以此作为表现形式美的素材。

图 10-147　圆柱体类形态

图 10-148　长方体类形态

我们在考虑包装设计的外形要素时，还必须从形式美法则的角度去认识它。按照包装设计的形式美法则，结合产品自身的功能特点，将各种因素有机、自然地结合起来，以求得完美、统一的设计形象。

2）构图要素

构图是将商品包装展示面的商标、图形、文字和色彩组合排列在一起，构成一个完整的画面。这4个方面的组合构成了包装装潢的整体效果。只要商品设计构图要素（商标、图形、文字和色彩）运用得正确、适当、美观，就可称为优秀的设计作品。

① 商标设计。商标是一种符号，是企业、机构、商品和各项设施的象征形象。商标是一项商用工艺美术，涉及政治、经济法制及艺术等各个领域。商标的特点是由它的功能、形式决定的。它要将丰富的传达内容以更简洁、更概括的形式，在相对较小的空间里表现出来，同时需要浏览者在较短的时间内理解其内在的含义。商标一般可分为文字商标、图形商标及文字图形相结合的商标3种形式。一款成功的商标设计应该是创意表现有机结合的产物。创意是根据设计要求，对某种理念进行综合分析、归纳、概括，通过哲理的思考，化抽象为形象，将设计概念由抽象的评议表现逐步转化为具体的形象设计，如图10-149所示。

图10-149 商标设计

② 图形设计。包装装潢的图形主要指产品的形象和其他辅助装饰形象等。图形作为设计的语言，就是要把形象内在、外在的构成因素表现出来，以视觉形象的形式把信息传达给消费者。要达到此目的，图形设计的准确定位是非常关键的。定位的过程即熟悉产品全部内容的过程，其中包括商品的信誉、商标、品名的含义及同类产品的现状等诸多因素都要加以熟悉和研究。

图形就其表现形式可分为实物图形和装饰图形，如图10-150、图10-151所示。

实物图形：需采用绘画手法、摄影写真等来表现。绘画是包装装潢设计的主要表现形式，根据包装整体构思的需要绘制画面，为商品服务。与摄影写真相比，它具有取舍、提炼和概括自由的特点。绘画手法直观性强，欣赏趣味浓，是宣传、美化、推销商品的一种手段。然而，商品包装的商业性决定了设计应突出表现商品的真实形象，要给消费者直观的形象，所以用摄影写真来表现真实、直观的视觉形象是包装装潢设计的最佳表现手法。

图 10-150　实物图形

图 10-151　装饰图形

　　装饰图形：分为具象和抽象两种表现手法。具象的人物、风景、动物或植物的纹样作为包装的象征性图形可用来表现包装的内容物及属性。抽象的手法多用于写意，采用抽象的点、线、面的几何形纹样、色块或肌理效果构成画面，简练、醒目，具有形式感，也是包装装潢设计的主要表现手法。通常具象形态与抽象表现手法在包装装潢设计中并不是孤立的，而是相互结合的。

　　内容和形式的辩证统一是图形设计中的普遍规律，在设计过程中，根据图形内容的需要，选择相应的图形表现技法，使图形设计达到形式和内容的统一，创造出反映时代精神、民族风貌的实用、经济、美观的包装装潢设计作品是包装设计者的基本要求。

　　③ 色彩设计。色彩设计在包装设计中占据重要地位。色彩是美化和突出产品的重要因素。包装色彩的运用与整个画面设计的构思、构图紧密相连。包装色彩要求平面化、匀整化，这是对色彩过滤、提炼的高度概括。色彩设计以人们的联想和色彩使用习惯为依据，进行高度的夸张和变色，是包装装潢艺术的一种手段。同时，包装的色彩还必须受到工艺、材料、用途和销售地区等因素的限制，如图 10-152 所示。

　　包装装潢设计中的色彩要求醒目，对比强烈，有较强的吸引力和竞争力，以唤起消费者的购买欲望，促进销售。例如，食品类常用鲜明丰富的色调，以暖色为主，突出食品的新鲜、营养和味道；医药类常用单纯的冷暖色调；化妆品类常用柔和的中间色调；儿童玩具类常用鲜艳夺目的纯色和冷暖对比强烈的各种色块，以符合儿童的心理和爱好；体育用品类多采用鲜艳明亮的色块，以增加活跃、运动的氛围……不同的商品有不同的特点与属性。设计者要研究消费者的习惯和爱好，以及国际、国内流行色的变化趋势，以不断增强色彩的社会学和消费者心理学意识。

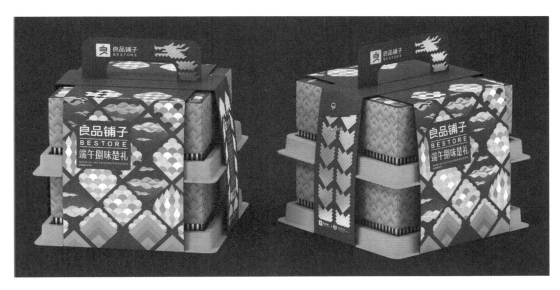

图 10-152 色彩设计

④ 文字设计。文字是传达思想、交流感情和信息、表达某一主题内容的符号。商品包装上的牌号、品名、说明文字、广告文字，以及生产厂家、公司或经销单位等，反映了包装的本质内容，设计包装时必须把这些文字作为包装整体设计的一部分来统筹考虑。

包装装潢设计中的文字设计要点如下。

• 文字内容简明、真实、生动、易读、易记。

• 字体设计应反映商品的特点、性质、独特性，并具备良好的识别性和审美功能，如图 10-153 所示。

图 10-153 具备识别性和审美功能的文字设计

• 文字的编排形式与包装的整体设计风格和谐，如图 10-154 所示。

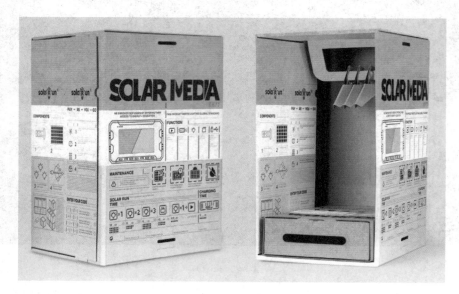

图 10-154　文字的编排形式

3）材料要素

材料要素是商品包装所用材料表面的纹理和质感。它往往影响商品包装的视觉效果。利用不同材料的表面变化或表面形状可以实现商品包装的最佳效果。包装用的材料，无论是纸类材料、塑料材料、玻璃材料、金属材料、陶瓷材料、竹木材料，还是其他复合材料，都有不同的质地肌理效果，如图 10-155 和图 10-156 所示。运用不同材料，并妥善地加以组合配置，可带给消费者新奇、冰凉或豪华等不同感觉。材料要素是包装装潢设计的重要部分，它直接关系到包装的整体功能和经济成本、生产加工方式及包装废弃物的回收处理等多方面的问题。

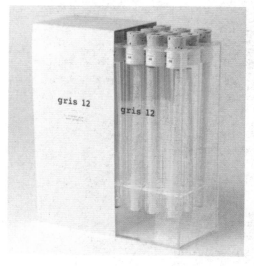

图 10-155　不同材料组合

图 10-156　复合材料

2．常见的商品包装形式

随着社会的发展和科技的进步，包装材料也在不断改进，其越来越多样化，包装形式也各式各样。在日常生活中，常见的包装形式有盒式包装、袋式包装、实物包装。

（1）盒式包装：以硬纸板为材料，按照商品的不同样式，经过折叠后，胶合成盒子式包装形式。这种包装形式最为普通，如烟、酒、药品、计算机等物品的包装。盒式包装的优点是简洁、占用空间少、运输方便，适用于硬物类的包装，如图10-157所示。

（2）袋式包装：这类包装主要用于食品等软物类。它的优点是密封式包装，对商品的保护性较好，如图10-158所示。手提袋也属于这种包装形式，但不是密封的。

（3）实物包装：指商品本身的包装，如润肤露、洗发水等产品本身的包装，如图10-159所示。

图 10-157　盒式包装　　　　　　　　　　　　　图 10-158　袋式包装

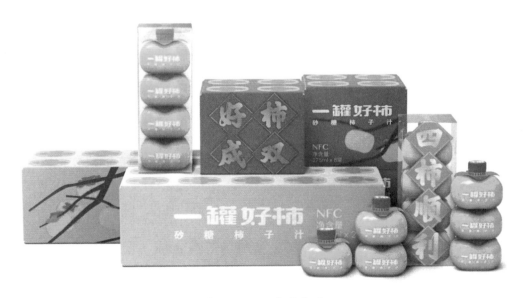

图 10-159　实物包装

包装材料主要有以下几种。

（1）纸张：最普通的包装介质，一般用于产品的说明书或封皮外表包装设计，如CD盒等。

（2）纸板：用于盒式包装较多。纸板有白板和铜板之分，白板和牛皮纸类的包装较普通，造价也便宜一些；铜板适合高级商品包装。

（3）塑料：多用于袋式包装，如饼干包装。

（4）陶瓷：工艺类的包装用得较多，如茅台酒包装。

（5）木材：木材工艺性的商品用得较多，如音箱包装。

（6）金属：用途很广泛，在礼品和食品中应用较多，如易拉罐包装。

3．产品包装设计的基本构成要素

产品包装设计的基本构成要素应包括以下几个方面。

1）商标要素

商标作为企业或产品个性化的"代言人"，可以显示出商品之间的差异。当认识到商品的属性后，就会知道商标在包装设计中的重要性。构成包装设计形态设计的主要设计因素有造型、色彩、图形、文字等，不论这些因素在设计过程中如何表现与组合，都不可能回避一个问题，即所有活动都围绕商标展开。因为每一种包装形式在具体表现中，其色彩、造型、文字等都有可能重复或相似。但是，商标在受法律保护的前提下，它的专有属性可以使产品的包装设计与同类品牌相区别。所以在设计过程中，一定要注意商标在包装设计中的几个基本功能：①为新品牌创造一个既能体现商品特性又与众不同的商标，它要能引起消费者的好感，并且要易认、易记；②使原有商标得到改进与更新的能力；③在包装设计的整体形式上，确定商品信息的传达能力。

2）色彩要素

色彩作为激发人们情感的视觉生理现象，在现实生活及众多学科领域中有着普遍意义。包装设计虽然是通过许多手段与技法完成的创作活动，但由于色彩的专有属性，其价值和作用是不可替代的。由于色彩所特有的心理作用，使得设计者在包装装潢设计过程中应具备对色彩审美价值的直觉判断力和把色彩作为一种视觉与表现技术的能力。虽然，对色彩生理作用的理解有时是抽象的、模糊的，但是它所产生的色彩情感可以使消费者对包装产生不同的联想。色彩作为一门独立的学科，有其基本的规律与属性，在此基础上色彩产生的情感因素主要有主观情感和客观情感。

3）图形要素

包装设计是通过商标、色彩、图形、文字及装饰等组合成一个完整的视觉图形来传递商品信息，从而引导消费者的注意力。设计者借助设计因素所组合的视觉图形，应当以图形的寓意能否表达出消费者对商品理想价值的要求来确定图形的形式，也就是依靠图形烘托感染力。当设计者选择图形的表现手法时，无论采用具象的图形还是抽象的符号、夸张的绘画等，都要考虑能否创造一种具有心理联想的心理效果。要做到设计的图形具备说服力，在图形的素材选择与具体表现上应注意：

- 主题明确。 任何产品都有其独特的个性语言，设计前应为其确定一个所要表达的主题定位。它可能是商标，也可能是产品、消费者或有寓意的图形。这样，才可以明确该商品的本质特征与同类产品的区别。

- 简洁明确。在设计中针对商品主要销售对象的多方面特征和对图形语言的理解来选择表现手段。由于包装本身尺寸的限制，复杂的图形将影响图形的定位。所以，采取以一当十、以少胜多的方法运用图形，可更加有效地达到视觉信息准确传递的目的。
- 真实可靠。在图形的选择与运用上手法很多，但关键问题在于图形不能有任何的欺骗导向。带有误导行为的图形可能会暂时让消费者接受，但不可能长久地保持消费者的购买欲望。只有诚实才能取得信任，信任是产品与消费者沟通的情感基础。
- 具备独特性。商品具备独特性才会有市场竞争力，才能引起消费者的注意。所以，在设计图形的选择与表现过程中，体现图形的原创性语言，是包装设计成功的有力保证。

4）文字要素

向消费者解释商品内容最为直接的手段就是文字描述。包装上的文字通常要表现商标名称、商品名称、单位质量与容量、质量说明、用法说明、有关成分说明、注意事项、生产厂家的名称和地址、生产日期和其他文字介绍等。设计者在这方面所要发挥的作用就是如何使这些说明文字能够有效、准确、清晰地传达出去，从包装设计的基础原则上考虑还要达到易读、易认、易记的要求。一般来说，包装上的文字，除商标文字外，其他所有文字主要根据迅速向消费者解释商品内容的原则来安排和选择字体。文字的字体设计在包装装潢设计中应遵循以下原则：

- 按文字主次关系有区别地设计。
- 加强推销的重要性，考虑销售地区的语言文字。
- 不应因为文字的识别特性，而忽视其视觉造型的表达能力。
- 注意美术字体与印刷字体的区别与运用。
- 文字造型审美性的鉴别能力。
- 服从产品的特性并引起消费者的注意。

在包装装潢设计中，要求字体设计既简明又清晰，同时还要有利于消费者识别。

5）造型要素

由于产品本身的差异，使得包装设计中的造型呈现出多样性。根据结构成分与应用范围等区别，包装的造型设计（或容器造型设计）必须从生产者、销售者、消费者3个不同的角度去理解。包装的设计目的主要是创造一种特殊的个性，在货架陈列中能突出商品。但包装结构往往在技术上有几方面的限制，在设计时必须要考虑到：

- 材料的特性，如生产技术，纸张的限制，玻璃、塑料的可塑性等。
- 装饰生产线，即有怎样的材料设备。
- 封装生产线，即有怎样的封装设备。

- 标签封帖生产线，即标签封帖的材料设备。当然还有市场因素，总的来说包装结构设计取决于两个方面，即材料设备和市场。

由于造型多指立体设计因素，所以在设计过程中应对不同的立体平面、主次、虚实等加以分析，体现造型设计（或容器设计）给消费者带来的不同视觉、触觉及心理感受。造型设计作为包装装潢设计的重要组成部分，在体现自身价值的同时，还要与其他要素相协调。在设计过程中要注意造型要素与其他设计要素的主次关系，立体与平面的视觉效果相统一，包装与容器造型的同一性，发挥造型与容器设计独特的立体效果，造型设计要满足产品运输、展示与消费的要求。

总之，从生产商到消费者之间都必须有最佳的视觉传递能力，设计必须能回答所有消费者愿意提出的问题。设计不是单纯为了艺术，而是为了创造更多的销售机会。而造型设计作为包装装潢设计的组成部分，其设计方法与表现手段与其他要素不同，将商标、色彩、图形、文字、造型等要素有机地结合在一起，才能创作出好的包装作品。